Énigmes mathématiques machiavéliques

Sylvain Lhullier
Illustrations d'Ivan Sigg

MARABOUT

Du même auteur

Le Grand Livre des énigmes (tome I), avec Fabrice Mazza, Marabout, 2006.

Énigmes mathématiques diaboliques, Marabout, 2006.

La Boîte à énigmes mathématiques, Marabout, 2009.

À mon fils Gaétan.

S. L.

Introduction

Si pour vous les mathématiques sont, au mieux, quelques souvenirs un peu pénibles, ou, au pire, un vieux cauchemar de collégien, n'hésitez plus : plongez-vous dans *Énigmes mathématiques machiavéliques* !

Attelez-vous sans tarder à la résolution de ces quelque 70 énigmes. Les réponses sont toutes consignées en fin d'ouvrage, un renvoi de page vous indiquant systématiquement où vous référer. Mais ne cédez pas trop vite à la tentation de connaître la bonne réponse ! Le plaisir est dans le tâtonnement, l'élaboration du raisonnement, la construction de la démonstration ou le surgissement de la bonne intuition.

Cet ouvrage vous propose de (re)découvrir cette discipline mal aimée, parce que mal comprise, d'une manière ludique. Pour vous débarrasser enfin du bonnet d'âne de mauvais élève !

Sommaire

Frères et sœurs

Dans la cour de récréation, une petite fille explique à l'un de ses camarades : « J'ai autant de sœurs que de frères. » Son grand frère ajoute : « J'ai deux fois plus de sœurs que de frères. »

Combien y a-t-il de filles et de garçons dans cette famille ?

Solution p. 83

Suite logique 1

Quel nombre doit venir à la suite de cette séquence pour qu'elle soit logique ?

Solution p. 84

Toutes sauf deux...

Un milliardaire possède plusieurs voitures de collection.

Combien possède-t-il de véhicules au total, sachant que toutes sauf deux sont rouges, toutes sauf deux sont noires, et toutes sauf deux sont blanches ?

Solution p. 85

D'un seul trait

Comment pouvez-vous reproduire cette figure sans lever le crayon ni passer deux fois au même endroit ?

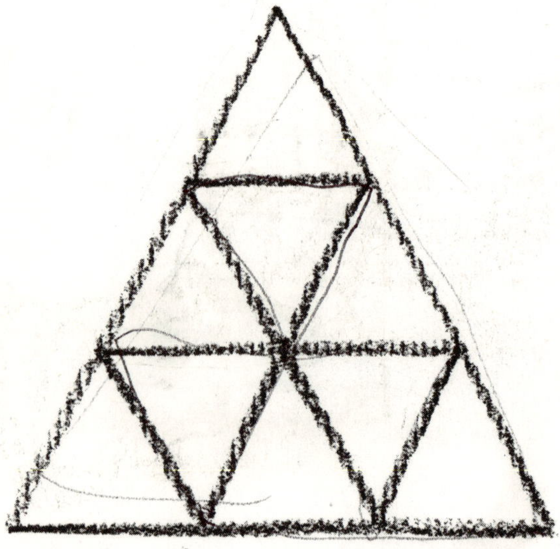

Solution p. 86

Le tonneau de vin

Trois ivrognes, Robert, Paul et Jacques, avalent ensemble le contenu d'un tonneau de vin.
Robert seul le boirait en 1 heure. Paul seul mettrait 3 heures. Jacques seul l'absorberait en 6 heures.

Combien de temps faut-il aux trois ivrognes pour boire tout le vin contenu dans le tonneau ?

Solution p. 87

Dominons les dominos

Comment devez-vous disposer trois des quatre dominos ci-dessous pour que la somme des points de chaque ligne soit égale à 21 ?

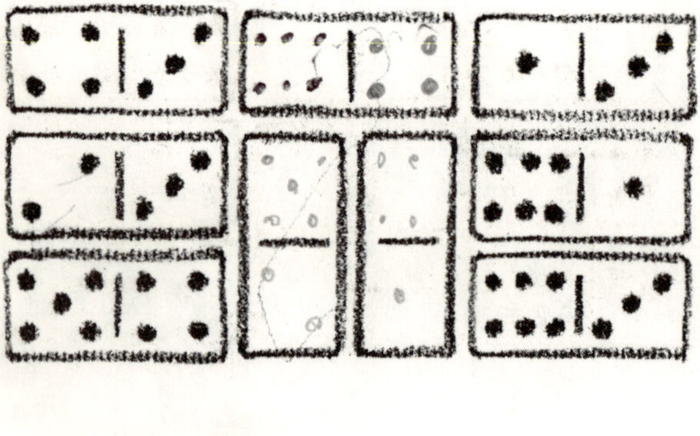

Solution p. 88

Dominons les dominos *bis*

Comment devez-vous disposer trois des quatre dominos ci-dessous pour que la somme des points de chaque ligne soit égale à 21 ?

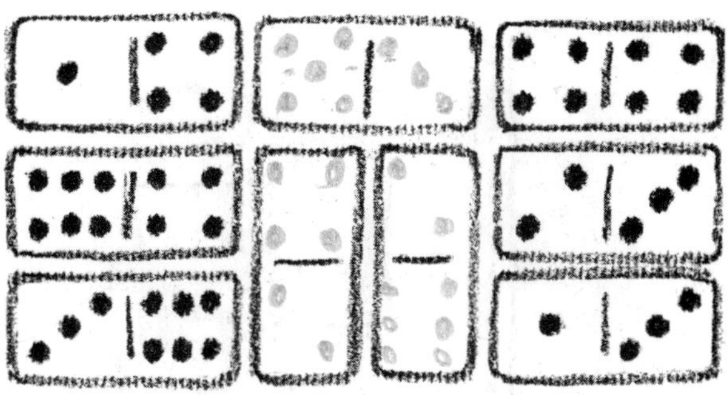

Solution p. 89

Les vaches dans les enclos

Un éleveur place six de ses vaches dans quatre enclos différents.

Sachant qu'aucun enclos n'est vide et qu'aucun enclos ne contient un nombre impair de bovins, comment a-t-il réparti son bétail ?

Solution p. 90

Réduction de coût des trains

Un train quitte la gare de Limoges avec sept wagons remplis seulement aux deux tiers de passagers.
À Tours, un quart des passagers descend du train.
Par souci d'économie, la société ferroviaire souhaite alors réduire le nombre des wagons du train.

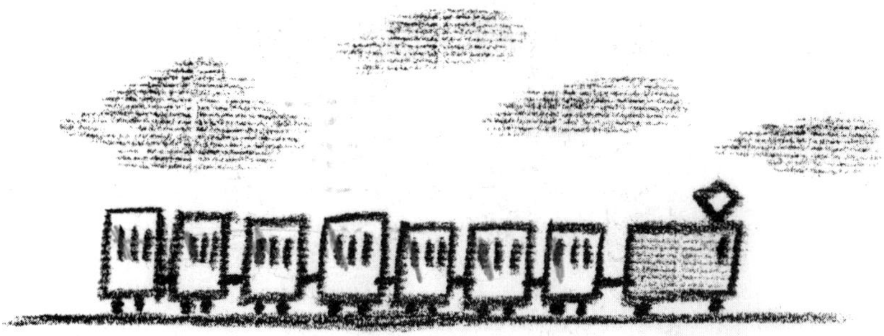

Combien de wagons doit tirer le train en partance de Tours pour que tous les passagers encore à bord puissent avoir une place assise ?

Solution p. 91

Chemin numérique

En partant de la case en haut à gauche et en sortant par la case en bas à droite de la figure ci-dessous, et sachant que vous pouvez uniquement progresser à la verticale ou à l'horizontale, quel chemin devez-vous emprunter pour que la somme des nombres rencontrés soit égale à 100 ?

Attention : vous ne pouvez passer qu'une seule fois sur chaque case…

Solution p. 92

Chemin numérique *bis*

En partant de la case en haut à gauche et en sortant par la case en bas à droite de la figure ci-dessous, et sachant que vous pouvez uniquement progresser à la verticale ou à l'horizontale, quel chemin devez-vous emprunter pour que la somme des nombres rencontrés soit égale à 100 ?

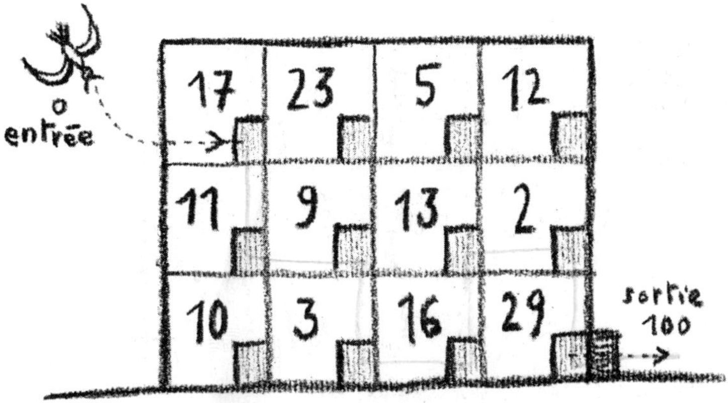

Attention : vous ne pouvez passer qu'une seule fois sur chaque case...

Solution p. 93

Un choix impossible

Un prisonnier est soumis à la question. Le bourreau lui accorde une dernière faveur : « Vous pouvez faire une dernière déclaration qui déterminera la manière dont vous mourrez. Si votre affirmation est fausse, vous serez écartelé ; si elle est vraie, vous serez brûlé vif ! »

Que doit dire le prisonnier pour se sortir de cette délicate situation ?

Solution p. 94

Les boules du sapin

Les enfants placent des boules de Noël sur le sapin familial. Les décorations de Noël sont rangées dans des boîtes différentes en fonction de leur taille : les grosses boules sont rangées trois par trois, les boules de taille moyenne cinq par cinq, et les petites boules sept par sept.

Sachant qu'ils ont accroché vingt-huit boules, combien de boîtes de chaque boule ont-ils ouvertes pour décorer le sapin de Noël ?

Attention : chaque fois qu'ils ont ouvert une boîte de décorations de Noël, les enfants ont utilisé toutes les boules qu'elle contenait pour décorer le sapin.

Solution p. 95

Suite logique 2

Quel nombre doit venir à la suite de cette séquence pour qu'elle soit logique ?

Solution p. 96

Différents et égaux

Un professeur de mathématiques écrit au tableau le système d'équations suivant :

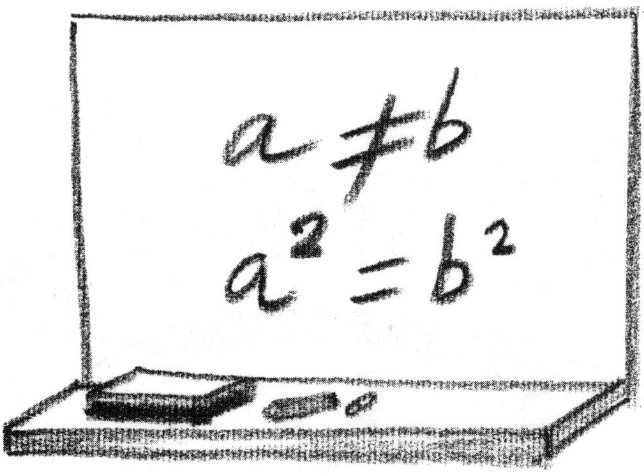

Puis il demande à ses élèves : « Par quels nombres devez-vous remplacer les deux inconnues pour que les deux équations soient justes ? »

Solution p. 97

L'horticulteur et ses dix rosiers

Un horticulteur plante des rosiers dans un jardin public. Par souci esthétique, il souhaite créer une plate-bande harmonieuse.

Comment doit-il s'y prendre pour planter dix rosiers sur cinq rangées, une rangée contenant quatre rosiers ?

Indice : un rosier peut appartenir à plusieurs rangées...

Solution p. 98

Le télésiège

Le nouveau responsable des remontées mécaniques d'une station de sports d'hiver souhaite connaître le nombre de places disponibles dans un de ses télésièges.
Pour le déterminer, il ne dispose que d'une seule et unique information : il sait que, à l'instant où le siège n° 130 croise le siège n° 110, le siège n° 250 croise le n° 290.

Combien de places le télésiège possède-t-il au total ?

Solution p. 99

Jeu de fléchettes

Une cible de fléchettes comporte plusieurs zones correspondant chacune à différents scores : 3, 5, 7, 11, 15 ou 22 points.

Comment pouvez-vous obtenir un total de 27 points en lançant seulement trois fléchettes sur la cible ?

Solution p. 100

Jeu de fléchettes *bis*

Une cible de fléchettes comporte plusieurs zones correspondant chacune à différents scores : 5, 12, 17, 28, 35 et 41 points.

Comment pouvez-vous obtenir un total de 87 points en lançant seulement quatre fléchettes sur la cible ?

Solution p. 101

Les trois araignées

Trois araignées se déplacent en file indienne.
La première dit : « Il y a une araignée derrière moi. »
La deuxième lance : « Il y a également une araignée derrière moi. »
La troisième affirme : « Moi aussi, il y a une araignée derrière moi. »

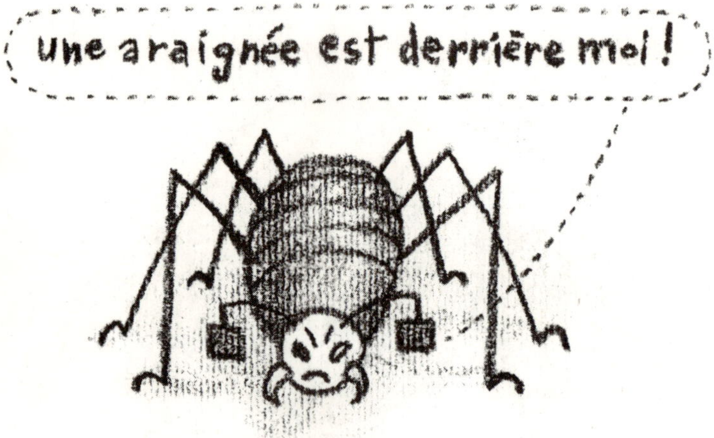

Comment est-ce possible ?

Solution p. 102

Les billes

Dans la cour de récréation d'une école, Théo et Maxime échangent des billes. Un calot vaut deux agates, une agate vaut deux galaxies, et une galaxie vaut deux terres.

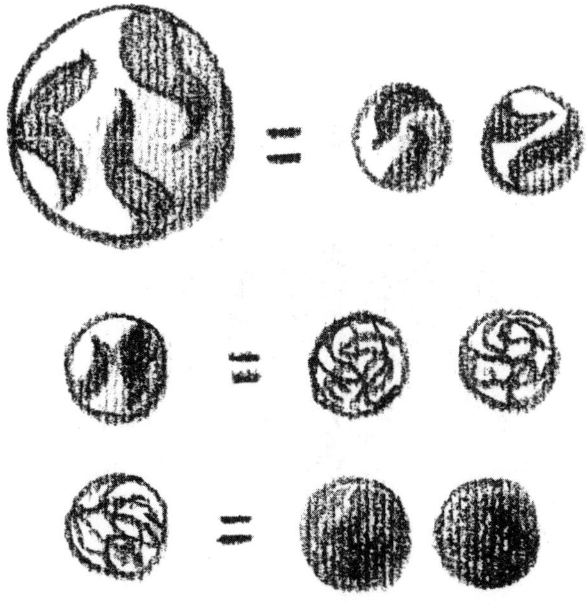

Sachant que Théo possédait, avant l'échange, un calot, trois galaxies et deux terres, et que, après l'échange, il dispose de trois billes, pouvez-vous déterminer de quel type de billes il s'agit ?

Solution p. 103

Le poids de la brique

Si une brique pèse 2 kg, plus le poids
d'une demi-brique, combien pèse cette brique ?

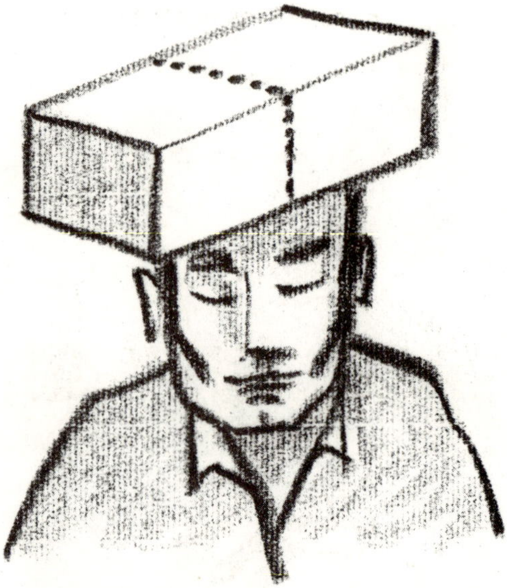

Solution p. 104

Le train bruyant

Ivan et Céline habitent dans deux maisons de part et d'autre d'une ligne de chemin de fer. Pour communiquer, il leur arrive souvent de crier au-dessus des voies. Malheureusement, si un train est à moins de 100 m de leurs maisons, ils ne s'entendent plus, leurs voix étant couvertes par le bruit du train.

Pendant combien de temps ne peuvent-ils pas communiquer lors du passage d'un train long de 300 m et roulant à 120 km/h ?

Solution p. 105

La question au fou

Un fou prétend répondre avec exactitude à toutes les questions qu'on pourrait lui poser.

Quelle question devez-vous lui poser pour être certain que sa réponse soit fausse ?

Solution p. 106

L'impôt sur le vin

Pour payer les taxes inhérentes au commerce du vin, un viticulteur doit donner à l'État un dixième de sa production. Un restaurant lui commande 90 l de vin.

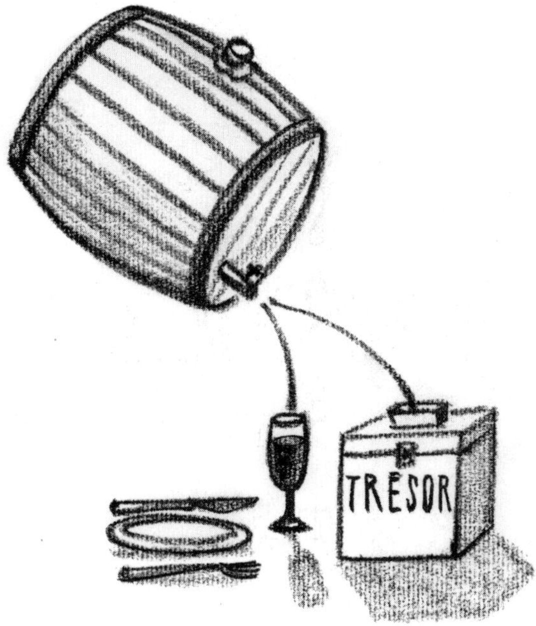

Combien de litres doit-il sortir de ses tonneaux pour à la fois satisfaire son client et payer l'État ?

Solution p. 107

Suite logique 3

Quel nombre doit venir à la suite de cette séquence pour qu'elle soit logique ?

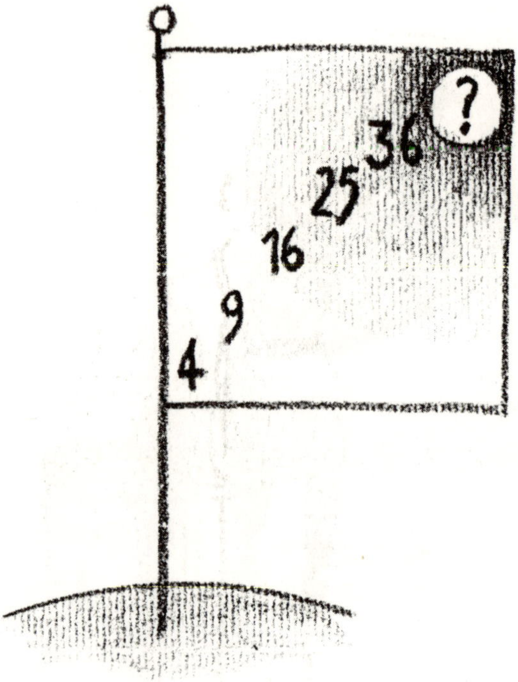

Solution p. 108

La dame et son chien

Monique et son caniche ont à eux deux 54 ans. Sachant que Monique a 50 ans de plus que son chien, quel âge ont-ils chacun ?

Solution p. 109

La traversée de la rivière

Pierre, Jeanne et Alice doivent traverser une rivière à bord d'une barque ne pouvant supporter un poids supérieur à 100 kg. Si ces dames ne pèsent que 50 kg chacune, Pierre pèse, lui, 100 kg.

Comment doivent-ils s'y prendre pour traverser la rivière ?

Solution p. 110

La bouteille de soda

Une bouteille de 1 l contient du soda comportant 99 % d'eau.
Tentons une petite expérience : laissons le contenu de la bouteille s'évaporer jusqu'à ce qu'il contienne 98 % d'eau.

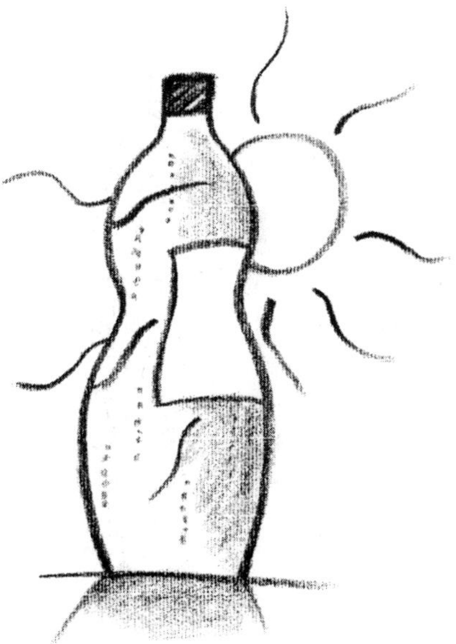

Quel volume de soda reste-t-il alors dans la bouteille ?

Solution p. 111

Pentaminos

Comment devez-vous disposer les pièces ci-dessous de manière qu'elles occupent tout l'espace de jeu ?

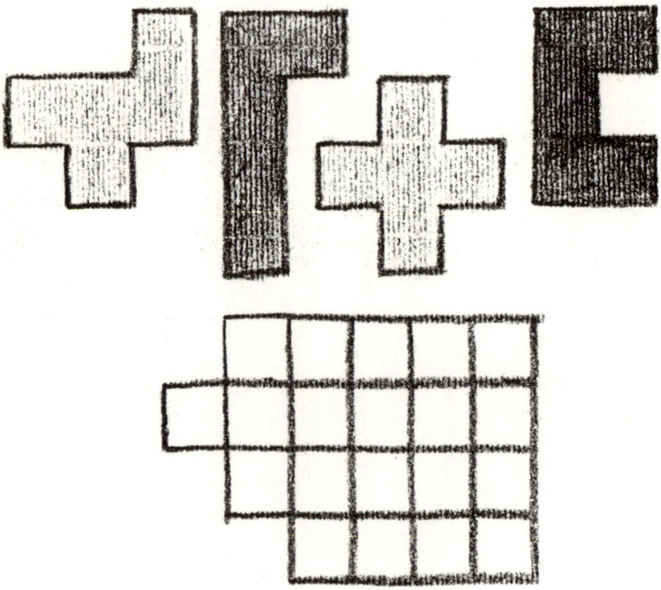

Indice : les pièces peuvent être disposées dans tous les sens…

Solution p. 112

Pentaminos *bis*

Comment devez-vous disposer les pièces ci-dessous de manière qu'elles occupent tout l'espace de jeu ?

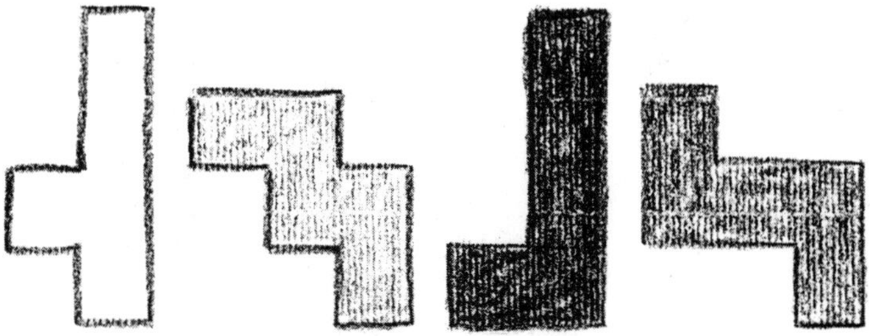

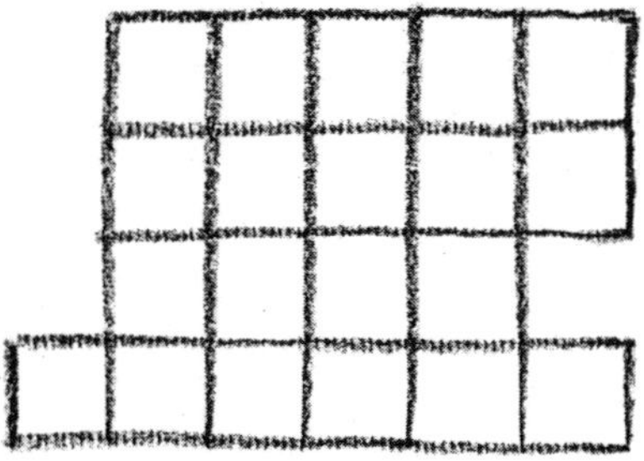

Indice : les pièces peuvent être disposées dans tous les sens...

Solution p. 113

Les quatre souris

Dans les quatre coins d'une boîte à chaussures, il y a une souris. Sur la queue de chaque souris, il y a une souris. En face de chaque souris, il y a trois souris.

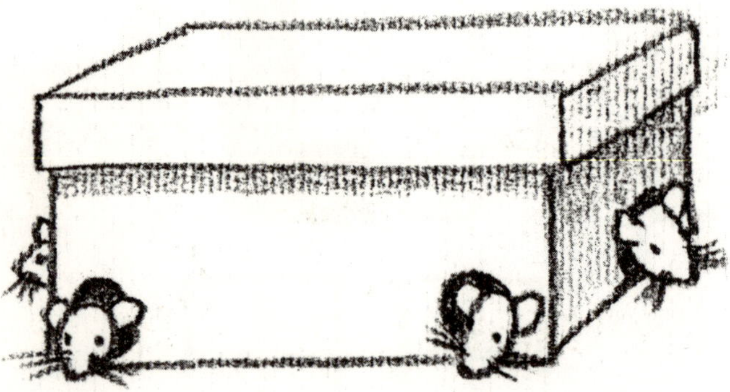

Combien y a-t-il de souris au total dans cette boîte à chaussures ?

Solution p. 114

Consommation d'essence

Sophie doit effectuer un déplacement à 400 km de son domicile. Elle roule sur 200 km en consommant 14 l d'essence aux 100 km. Le prix de l'essence étant assez élevé, elle souhaite limiter ses frais de déplacement et cherche donc à baisser sa consommation de carburant.

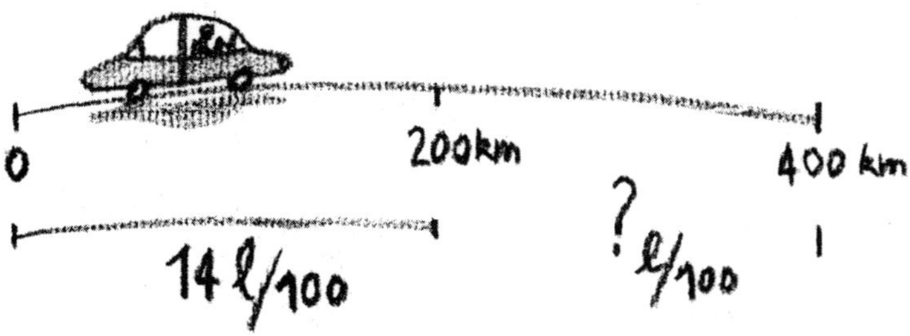

Combien de litres d'essence Sophie doit-elle consommer sur les 200 derniers kilomètres pour que sa consommation moyenne sur l'ensemble du trajet soit de 10 litres aux 100 km ?

Solution p. 115

Chiffres romains

Cette égalité rédigée en chiffres romains est fausse :

$$X + XVI = VIII \times III$$

Quelle barre devez-vous déplacer pour que l'égalité soit vraie ?

Solution p. 116

Chiffres romains *bis*

Cette égalité rédigée en chiffres romains est fausse :

V x IV = X + XII

Quelle barre devez-vous déplacer pour que l'égalité soit vraie ?

Solution p. 117

Circonférence de la Terre

La Terre possède un rayon équatorial – il s'agit de la distance entre le centre de la Terre et un point de l'équateur – de 6 366 km.
La circonférence de la Terre est donc de 40 000 km environ.

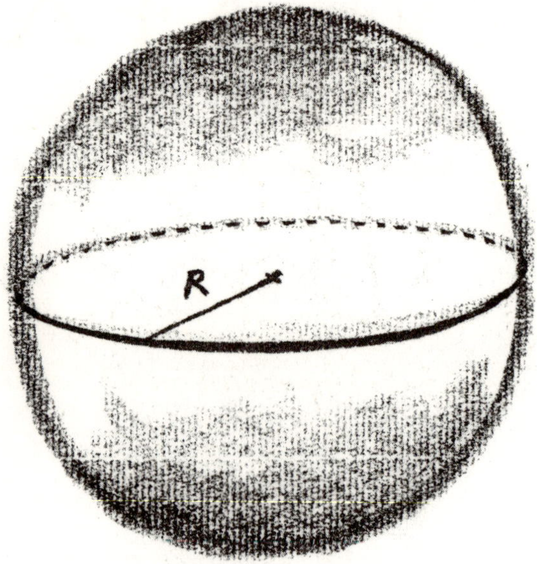

Si la Terre possédait un rayon équatorial plus long de 1 m, de combien augmenterait sa circonférence ?

Solution p. 118

Quatre commun

Y a-t-il un rapport particulier entre 4 et les six chiffres suivants : 0, 2, 5, 7, 8 et 9 ?

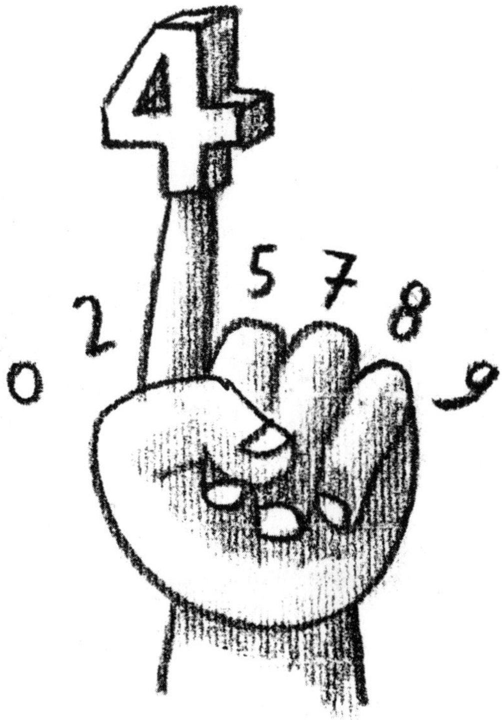

Solution p. 119

Suite logique 4

Quel nombre doit venir à la suite de cette séquence pour qu'elle soit logique ?

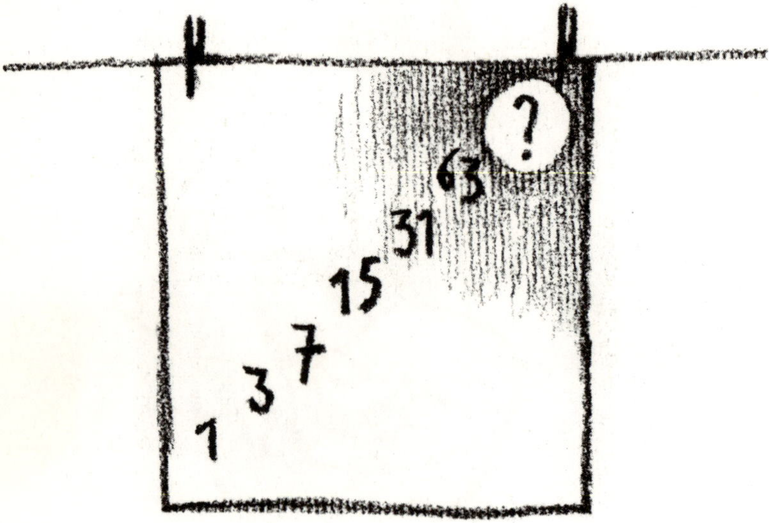

Solution p. 120

Aiguilles au carré

Combien de fois les deux aiguilles d'une horloge forment-elles un angle droit en 12 heures ?

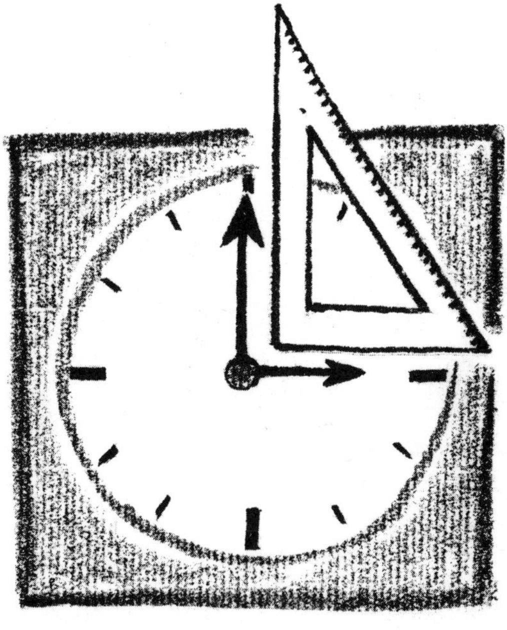

Solution p. 121

La couturière et ses seize boutons

Une couturière dispose de seize boutons pour réaliser un motif qui viendra orner un plaid. Par souci esthétique, elle souhaite créer une figure géométrique harmonieuse.

Comment doit-elle s'y prendre pour coudre seize boutons sur huit rangées, une rangée contenant quatre boutons ?

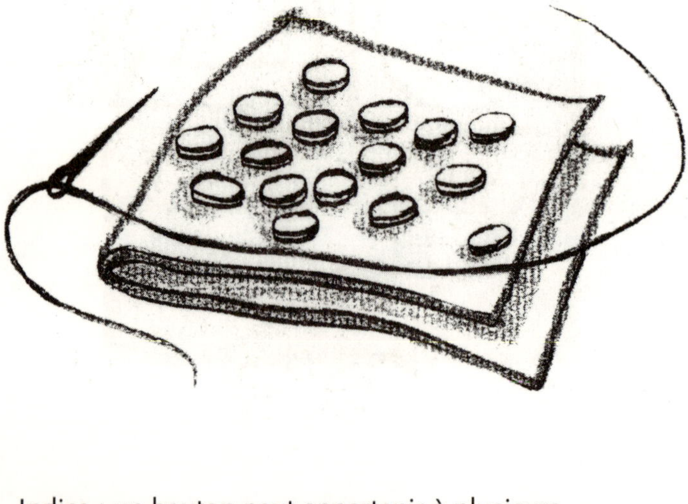

Indice : un bouton peut appartenir à plusieurs rangées...

Solution p. 122

Engrenages

Si l'engrenage placé en haut à gauche de la figure ci-dessous tourne dans le sens des aiguilles d'une montre, dans quel sens tourne celui en haut à droite ?

Solution p. 123

Heure symétrique

Sur une journée de 24 heures, combien de fois l'affichage des heures et des minutes présente-t-il des chiffres disposés de manière symétrique sur une horloge à cristaux liquides ?

Exemple :

Autre exemple : à 02 : 20, l'affichage des heures et des minutes est lui aussi symétrique.

Solution p. 124

Heure symétrique *bis*

Sur une journée de 24 heures, combien de fois l'affichage des heures, des minutes et des secondes présente-t-il des chiffres disposés de manière symétrique sur une horloge à cristaux liquides ?

Exemple :

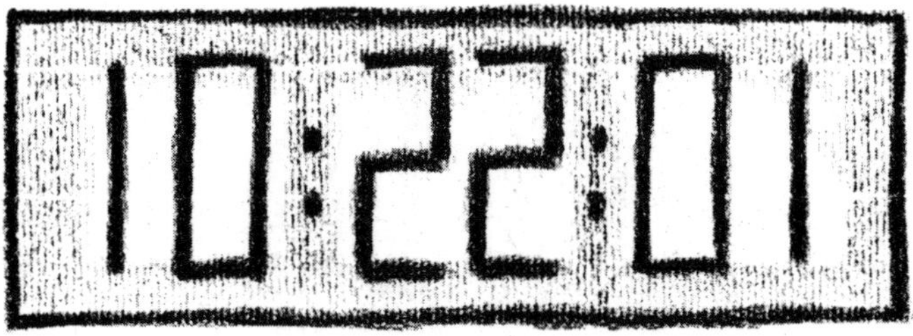

Solution p. 125

Le sac de blé

Un sac de blé pèse les trois quarts d'un sac d'orge pesant 2 kg de plus qu'un sac de blé.

Combien pèse le sac de blé ?

Solution p. 126

La pièce en miroirs

Pierre est enfermé dans une pièce triangulaire dont le sol, le plafond et les trois pans de mur sont entièrement recouverts de miroirs.

Sachant qu'il n'y a rien ni personne d'autre que lui dans la pièce, combien de reflets de lui-même peut-il observer ?

Solution p. 127

L'eau du fromage

L'étiquette d'une meule de gruyère indique que le fromage contient 25 % de matière grasse sur toute la meule et 50 % sur la matière sèche.

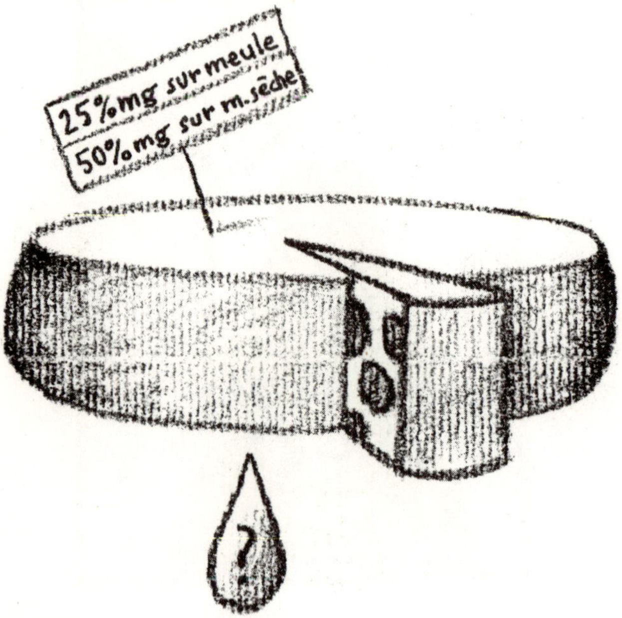

Quelle proportion d'eau la meule contient-elle ?

Solution p. 128

L’eau du fromage *bis*

Sur une autre meule, l’étiquette indique que le fromage contient 33 % de matière grasse sur toute la meule et 55 % sur la matière sèche.

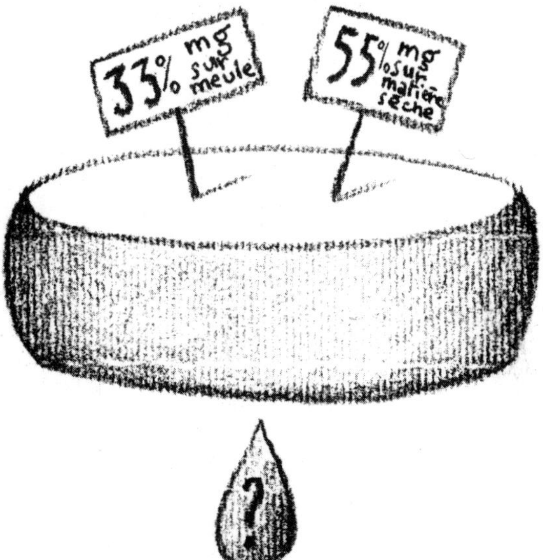

Quelle proportion d’eau la meule contient-elle ?

Solution p. 129

Les cartes dans le chapeau

Au cours d'un dîner, Paul cherche à distraire ses convives en leur proposant un petit jeu. Il place deux cartes à jouer dans un chapeau. Une des cartes présente deux faces rouges tandis que l'autre a une face rouge et une face blanche. Paul demande à Jeanne de plonger sa main dans le chapeau pour tirer au sort une des cartes. Elle s'exécute, mais ne montre qu'une seule face de la carte à jouer qu'elle a piochée au reste de l'assemblée : cette face est rouge.

Quelle est la probabilité que l'autre face de la carte soit blanche ?

Solution p. 130

L'horloge

À 3 heures, une horloge met exactement 2 secondes pour sonner les trois coups.

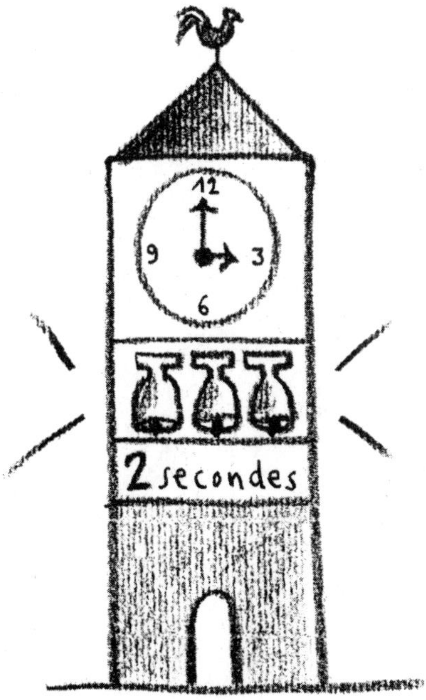

Combien de temps mettra-t-elle pour sonner 9 heures ?

Solution p. 131

Suite logique 5

Quel nombre doit venir à la suite de cette séquence pour qu'elle soit logique ?

Solution p. 132

Le prix des pâtes

Le prix d'un paquet de pâtes augmente de 50 %
sur une année, puis baisse de 50 % l'année suivante.

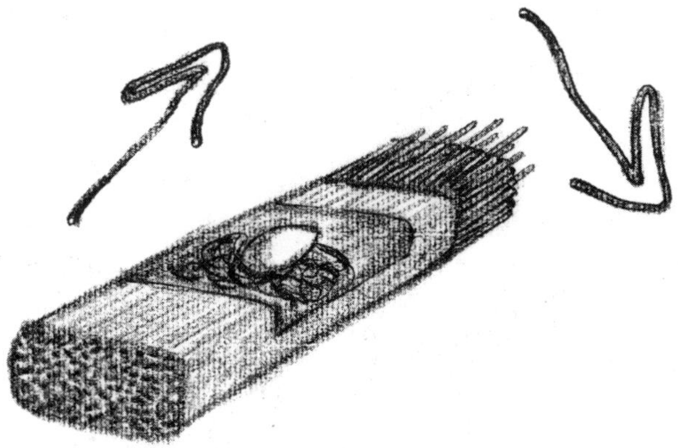

Quelle variation de prix a subie le paquet de pâtes entre le début de la première année et la fin de la seconde ?

Solution p. 133

Heure identique

Sur une journée de 24 heures, combien de fois un affichage à cristaux liquides des heures et des minutes présente quatre fois le même chiffre ?

Solution p. 134

Les camions

Jules contrôle l'entrée des camions sur un chantier.
Ce matin, il a vu passer vingt camions
pour quarante-huit essieux.

Combien de camions à deux essieux et de camions
à trois essieux sont passés devant Jules ?

Solution p. 135

Calcul à cristaux liquides

Comment pouvez-vous faire pour que cette égalité soit vraie en n'ajoutant qu'une seule barre ?

Solution p. 136

Calcul à cristaux liquides *bis*

Comment pouvez-vous faire pour que cette égalité soit vraie en ne déplaçant qu'une seule barre ?

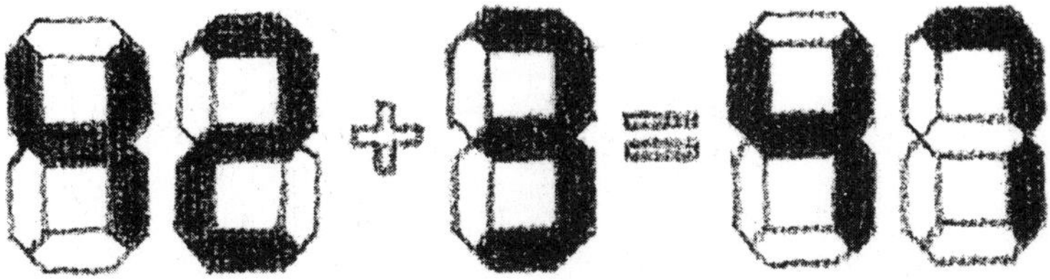

Solution p. 137

Le marque-page

Alice souhaite glisser son marque-page entre les pages 55 et 56 de son livre.

Pourquoi n'y parvient-elle pas ?

Solution p. 138

Une course entre amis

Alice et Julien ont décidé de s'affronter en course à pied sur une distance de 200 m. Julien passe la ligne d'arrivée alors qu'Alice n'a parcouru que 190 m. Le vainqueur propose à son amie de jouer la revanche. De manière à tenter d'effacer leurs différences, Julien propose un marché à Alice : courir avec un handicap. Pour ce faire, il partira 10 m derrière la ligne de départ.

En supposant que Julien et Alice courent à la même vitesse que lors de la course précédente, qui remportera ce second 200 m ?

Solution p. 139

Somme et produit

Trouvez les trois nombres dont la somme est égale à 100 et les trois autres dont le produit est égal à 1 000.

Solution p. 140

L'enfant et l'ascenseur

Nicolas va seul à l'école. À l'aller, il prend l'ascenseur depuis le douzième étage. Au retour, il monte avec ce même ascenseur jusqu'au huitième étage, puis finit de monter à pied.

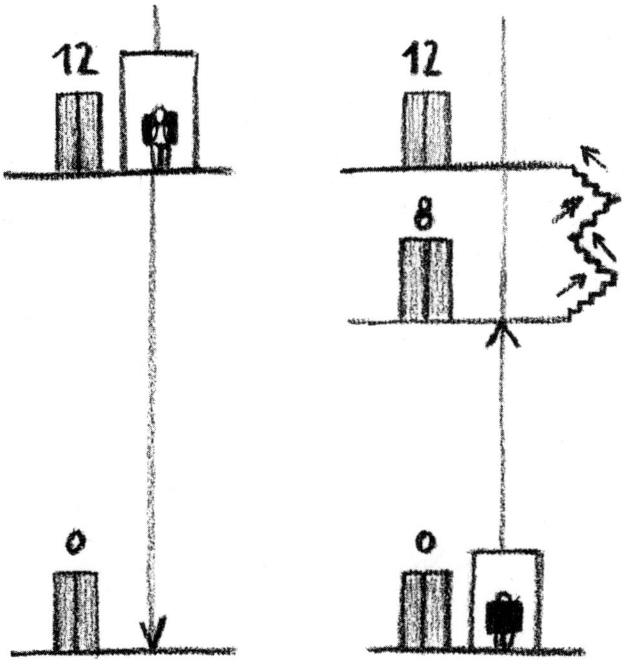

Pour quelle raison ?

Solution p. 141

Le mur et la Terre

Un maçon fou entreprend de construire une muraille tout autour de son jardin. Il bâtit un mur de 6 m de haut, de 2 m d'épaisseur et de 1 km de long.

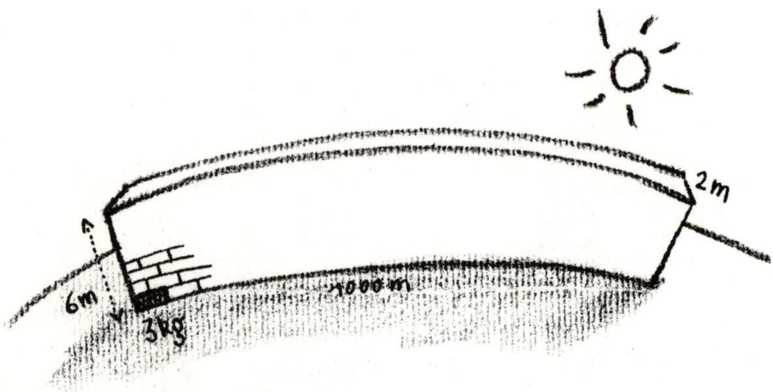

Sachant que les briques qu'il utilise pèsent 3 kg, quelle est la variation de la masse de la planète Terre après la construction ?

Solution p. 142

Les petites voitures

Dans la cour de récréation de l'école, Emmanuel échange régulièrement ses petites voitures avec l'un de ses camarades, Alexandre.
Au fur et à mesure, ils ont établi les valeurs suivantes : une voiture bleue vaut deux voitures rouges, et une voiture jaune vaut quatre voitures rouges.
Un matin, en partant à l'école, Paul a deux voitures bleues et trois voitures rouges. Le soir même, il revient avec trois voitures.

De quelles couleurs sont-elles ?

Solution p. 143

Combien de triangles ?

Combien pouvez-vous compter de triangles au total dans la figure ci-dessous ?

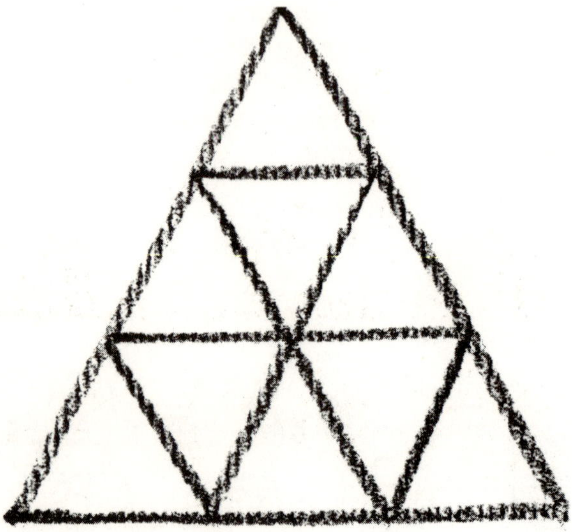

Solution p. 144

Temps de trajet

Un train effectue le trajet de Nantes à Rennes en 1 heure et 30 minutes à l'aller, mais fait le parcours inverse en seulement 90 minutes.

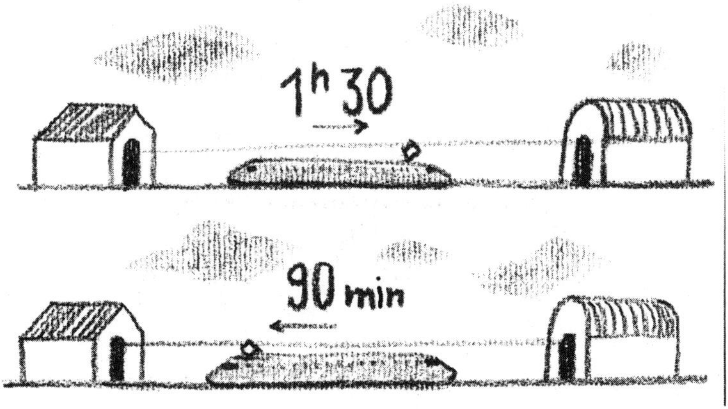

Comment pouvez-vous expliquer la différence de temps entre ces deux trajets ?

Solution p. 145

Le carreleur

Un artisan doit carreler un mur de 3 m de large à l'aide de carreaux de 12 cm de côté. Le client souhaite que les carreaux soient posés en losange.

Sachant qu'il souhaite également qu'il n'y ait pas de joint entre les carreaux, combien de carreaux au maximum le carreleur pourra-t-il poser sur toute la largeur du mur ?

Solution p. 146

Le compte est bon !

Dans la liste suivante, saurez-vous déterminer les trois nombres dont la somme est égale à 100
et les trois autres nombres dont le produit est égal à 1 000 :

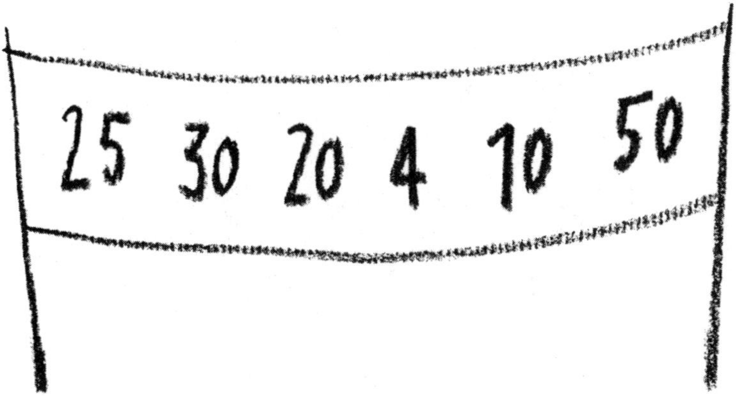

Solution p. 147

En chemin

Sur le chemin de la boulangerie, Vincent croise six pères, chacun accompagné par deux enfants, et quatre mères accompagnées chacune par leurs trois enfants.

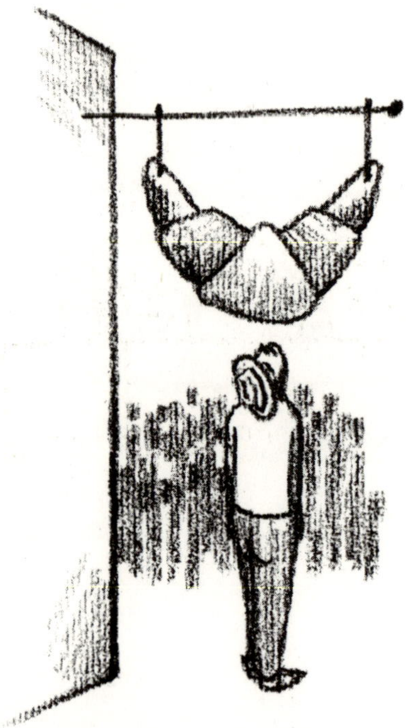

Combien de personnes au total se dirigent vers la boulangerie ?

Solution p. 148

Triangle à trous

Complétez ce triangle de manière que le nombre inscrit dans chaque case soit égal à la somme des deux nombres inscrits dans les deux cases juste au-dessous de celle-ci.

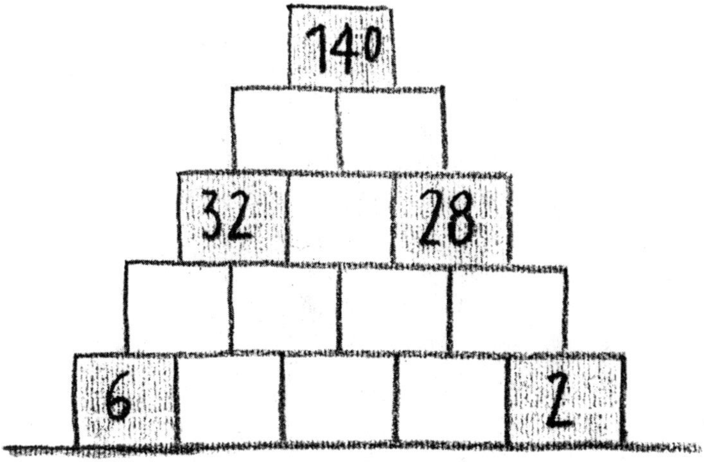

Solution p. 149

Jeux de dames

Élise et Sophie jouent aux dames une fois par mois. La dernière fois, elles ont disputé onze parties. Il n'y a eu aucun match nul et chacune a remporté autant de parties que l'autre.

Comment est-ce possible ?

Solution p. 150

Solutions

Frères et sœurs

Il y a quatre filles et trois garçons dans cette famille.

Solution de la p. 13

Suite logique 1

Il faut inscrire 1944, puisque chaque nombre est le produit des deux précédents.

Solution de la p. 14

Toutes sauf deux...

Ce milliardaire possède trois voitures de collection au total : une rouge, une noire et une blanche.

Solution de la p. 15

D'un seul trait

Cette figure peut se décomposer en deux parties, la partie centrale et le périmètre :

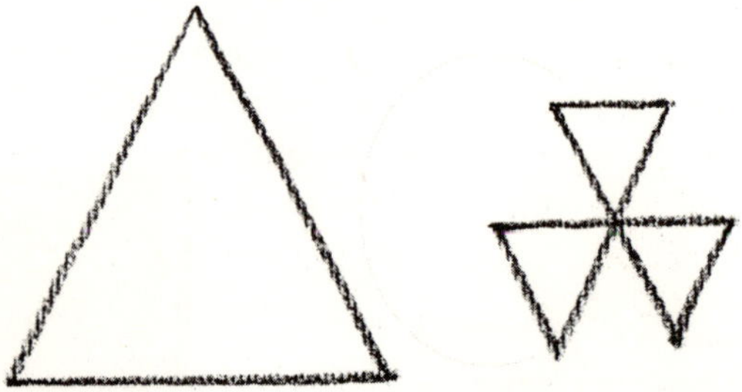

Chacune de ces deux parties peut être reproduite sans lever le crayon ni passer deux fois au même endroit : il suffit de partir d'un point d'intersection entre ces deux parties, par exemple le point désigné par le crayon, puis de tracer entièrement une des deux parties avant de finir de reproduire la figure en dessinant la seconde.

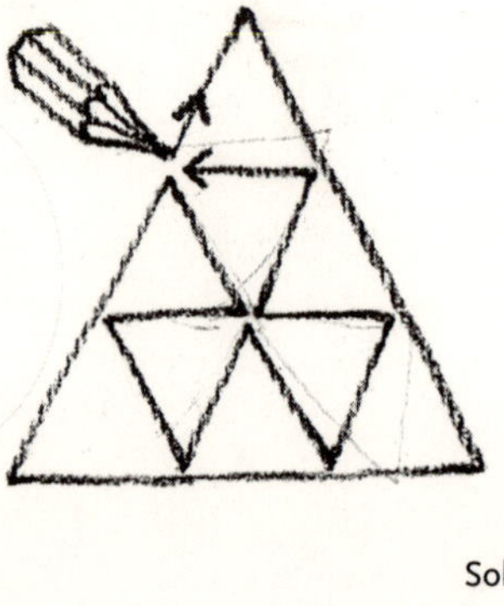

Solution de la p. 16

Le tonneau de vin

Il faut 40 minutes à Robert, Paul et Jacques pour boire tout le vin contenu dans le tonneau.
En effet, Robert boit 1/1 du tonneau en 1 heure ;
Paul boit 1/3 du tonneau en 1 heure ;
Jacques boit 1/6 du tonneau en 1 heure.
Les trois ivrognes boivent donc, en 1 heure,
$1/1 + 1/3 + 1/6 = 6/6 + 2/6 + 1/6 = 9/6 = 3/2 = 1{,}5$ tonneau.
Il leur faut donc 60/1,5, soit 40 minutes pour boire tout le vin contenu dans un seul tonneau.

Solution de la p. 17

Dominons les dominos

Solution de la p. 18

Dominons les dominos *bis*

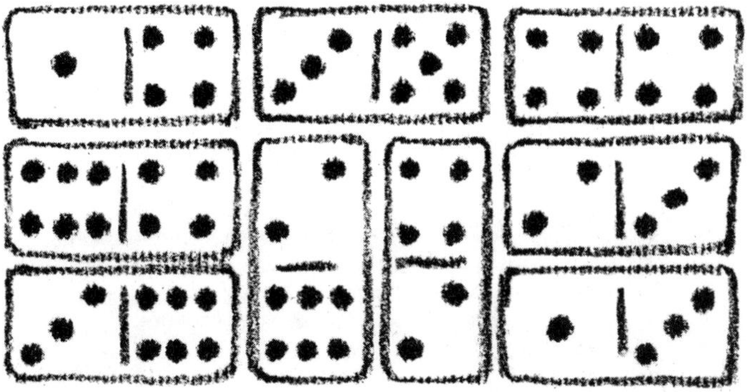

Solution de la p. 19

Les vaches dans les enclos

Tous les enclos sont imbriqués les uns dans les autres : le premier enclos est dans le deuxième, qui est lui-même dans le troisième, qui est lui aussi dans le quatrième.

Solution de la p. 20

Réduction de coût des trains

La société ferroviaire doit conserver quatre wagons. En effet, soit n le nombre de passagers maximum dans un wagon.
Au départ de Limoges, il y a $n \times 7 \times 2/3$ de passagers au total.
Après la descente du train d'un quart des passagers en gare de Tours, il reste $n \times 7 \times 2/3 \times 3/4$ de passagers, c'est-à-dire $n \times 42/12 = n \times 7/2 = 3,5 \times n$.
Il faut donc conserver quatre wagons pour que tous les passagers encore à bord du train puissent avoir une place assise.

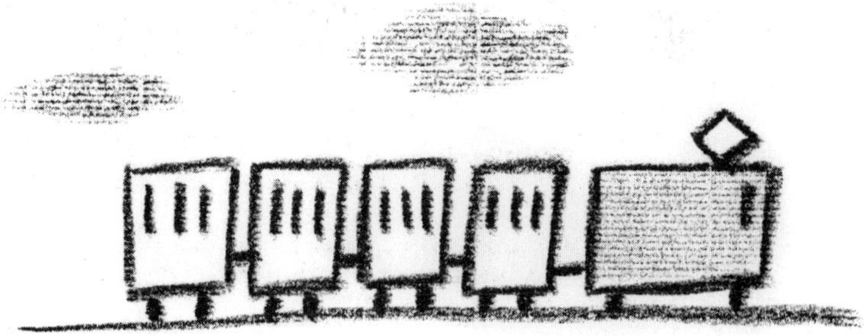

Solution de la p. 21

Chemin numérique

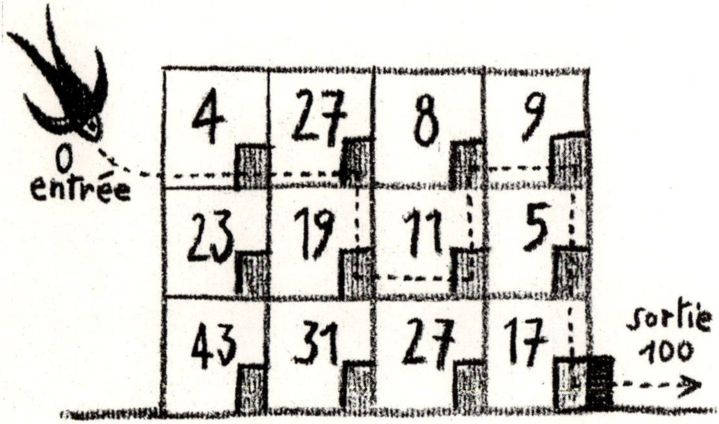

Solution de la p. 22

Chemin numérique *bis*

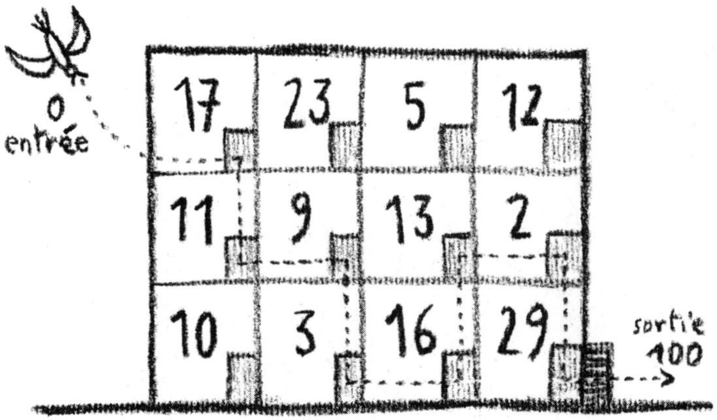

Solution de la p. 23

Un choix impossible

Il doit dire : « Je vais être écartelé ! »
Le bourreau se trouve alors confronté à un paradoxe : s'il écartelait le prisonnier, la dernière déclaration de ce dernier serait vraie ; le bourreau devrait donc le faire brûler vif. Mais, s'il le brûlait vif, la dernière déclaration du prisonnier serait fausse.
Ne pouvant trouver de façon de mettre à mort son prisonnier sans se renier, le bourreau lui laissera peut-être la vie sauve...

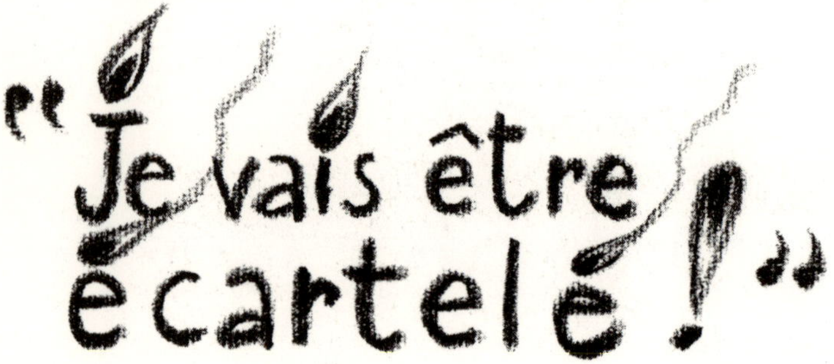

Solution de la p. 24

Les boules du sapin

Les enfants ont ouvert trois boîtes de grosses boules,
une boîte de boules de taille moyenne,
et deux boîtes de petites boules :
$(3 \times 3) + (1 \times 5) + (2 \times 7) = 28$ boules de Noël.

Solution de la p. 25

Suite logique 2

Il faut inscrire 55, puisque chaque nombre est la somme des deux précédents. Cette séquence est le début de la suite de Fibonacci, un célèbre mathématicien italien du XIIIe siècle.

Solution de la p. 26

Différents et égaux

Les deux équations seront justes si les élèves remplacent les inconnues par des nombres opposés. Par exemple, si $a = 2$ et $b = -2$, a est bien différent de b, mais leurs carrés sont égaux.

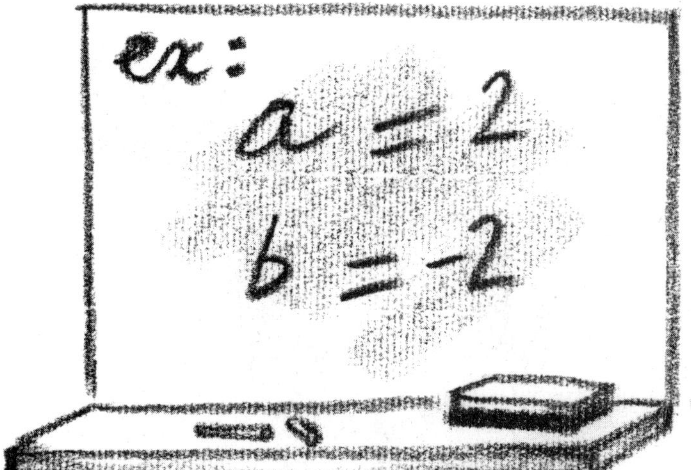

Solution de la p. 27

L'horticulteur et ses dix rosiers

L'horticulteur doit placer les dix rosiers aux sommets et aux intersections d'une plate-bande en forme d'étoile à cinq branches.

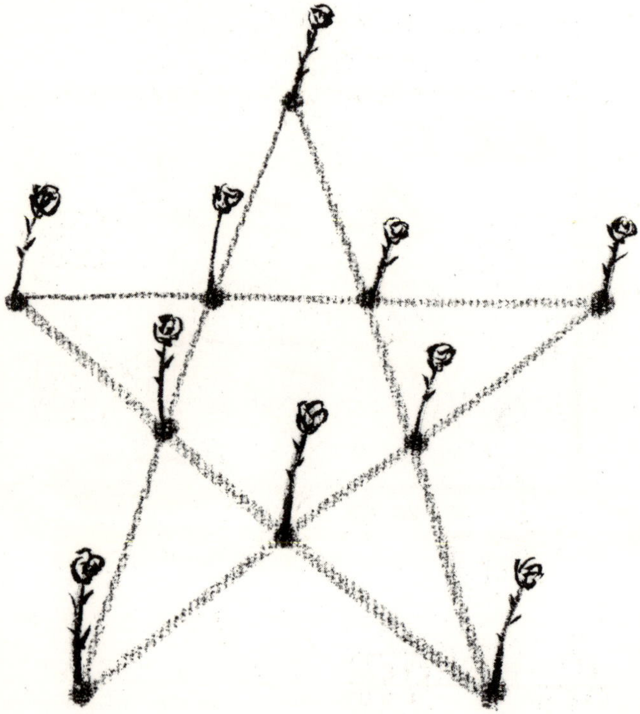

Solution de la p. 28

Le télésiège

Lorsque les sièges n°s 130 et 110 se croisent,
le n° 120 est à l'une des deux extrémités du télésiège.
Si, au même instant, les sièges n°s 250 et 290 se croisent,
c'est que le n° 270 est à l'autre extrémité du télésiège.
Sur une des deux moitiés du télésiège,
il y a donc 270 – 120 = 150 sièges.
Le télésiège comporte donc 150 × 2 = 300 sièges.

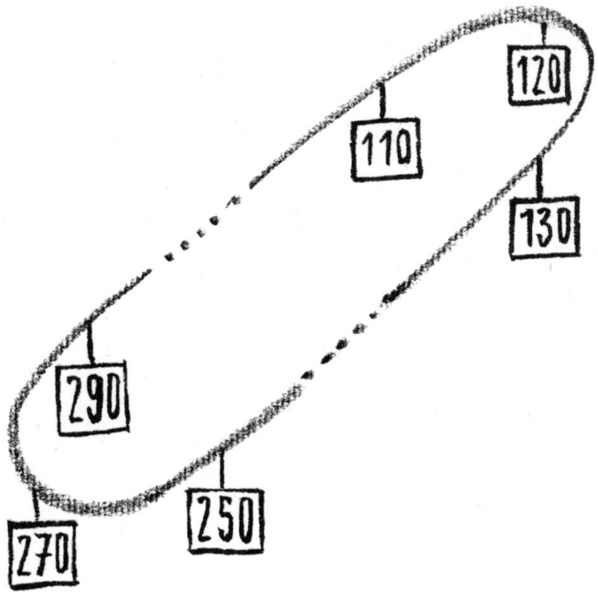

Solution de la p. 29

Jeu de fléchettes

Voici deux solutions possibles :

15 + 5 + 7 = 27 ou 11 + 11 + 5 = 27

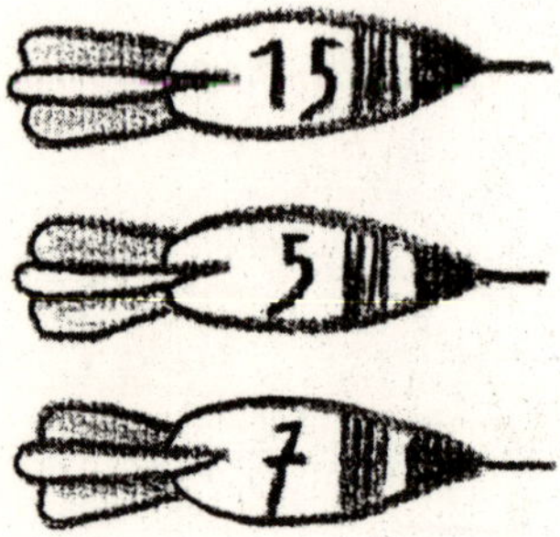

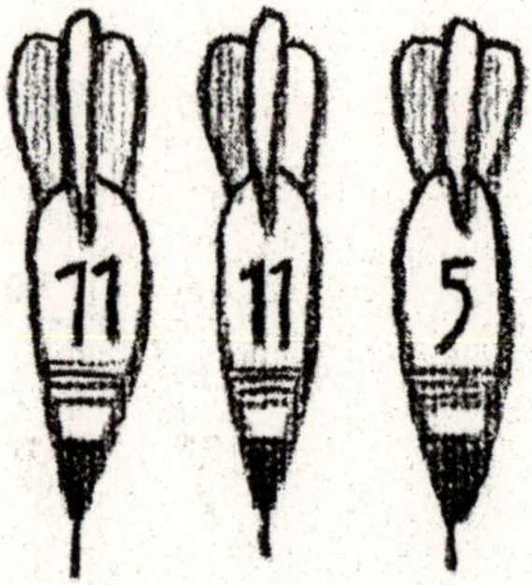

Solution de la p. 30

Jeu de fléchettes *bis*

Voici une solution possible :

$$35 + 28 + 12 + 12 = 87$$

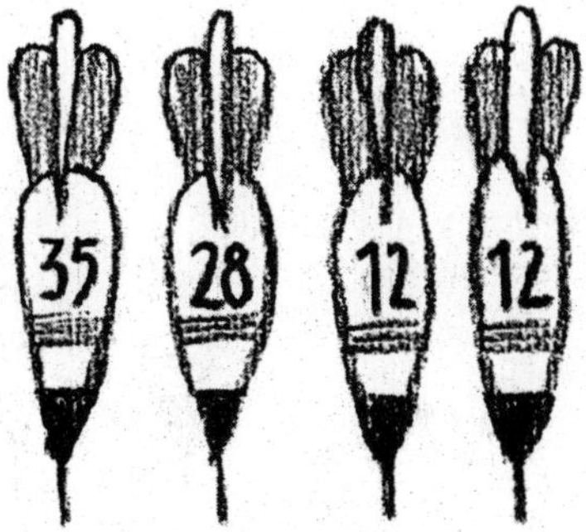

Solution de la p. 31

Les trois araignées

Les trois araignées tournent en rond autour d'une branche !

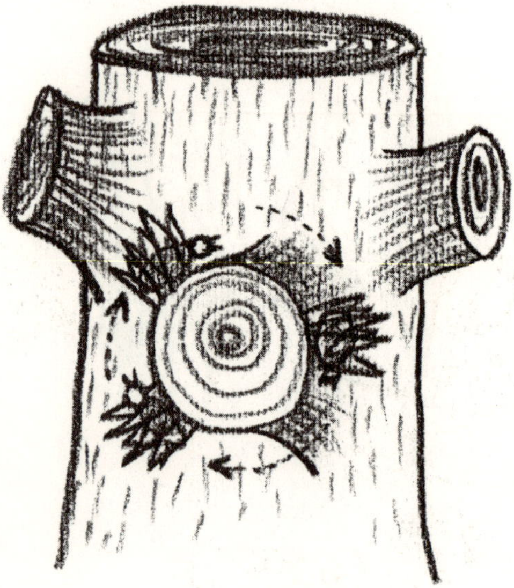

Solution de la p. 32

Les billes

Une agate vaut 4 terres et un calot 8 terres.
Théo possède 1 calot (= 8 terres), 3 galaxies (= 6 terres) et 2 terres ; il dispose donc d'une valeur de 16 terres. Après ses échanges avec Maxime, il reste donc à Théo 3 billes : 1 calot et 2 agates (8 + 4 + 4 = 16).

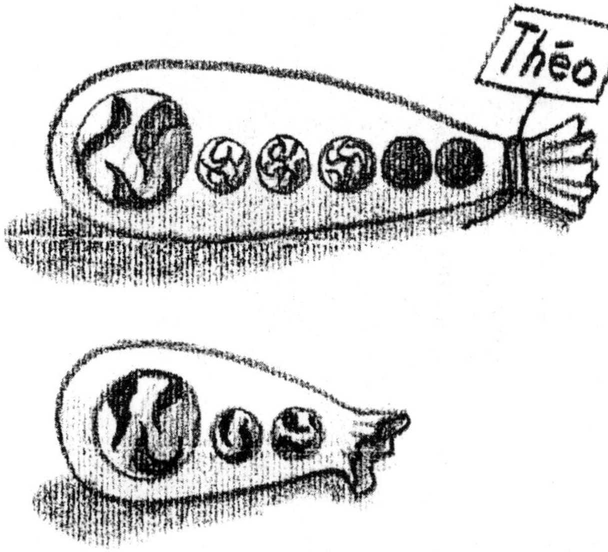

Donc Théo possède 1 calot et 2 agates.

Solution de la p. 33

Le poids de la brique

Cette brique pèse 4 kg.

4 kg

Solution de la p. 34

Le train bruyant

À la longueur du train (300 m), il faut ajouter la distance sur laquelle Ivan et Céline ne peuvent plus s'entendre, avant et après le passage du train, soit 2 × 100 m.
On obtient donc : 300 + (2 × 100) = 500 m.
Étant donné que le train roule à 120 km/h, soit 120 000 m/h ou 2 000 m/min, l'impossibilité de communiquer est donc de 500/2 000 = 1/4 de minute, soit 15 secondes.

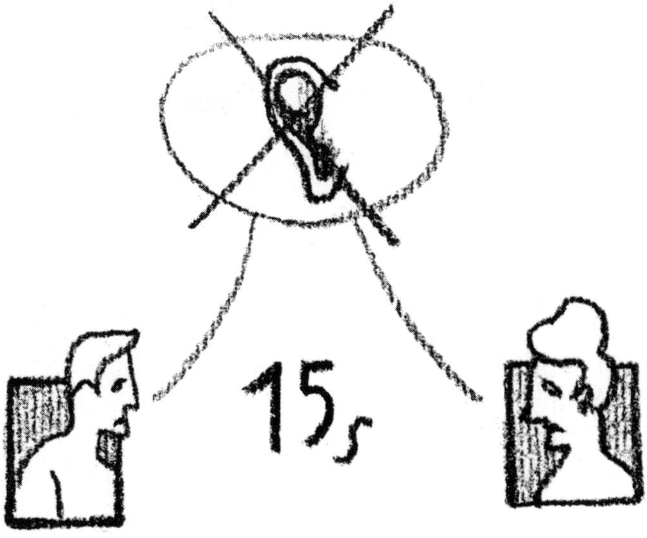

Solution de la p. 35

La question au fou

Vous pourriez, par exemple, lui demander :

Solution de la p. 36

L'impôt sur le vin

Ce viticulteur doit sortir 100 l de ses tonneaux pour à la fois satisfaire son client et payer l'État :
100 l – 10 % = 100 × 0,9, soit 90 l.

Solution de la p. 37

Suite logique 3

Il fait inscrire 49, puisque tous les nombres de cette séquence sont des carrés : 2^2, 3^2, 4^2, 5^2 et 6^2.

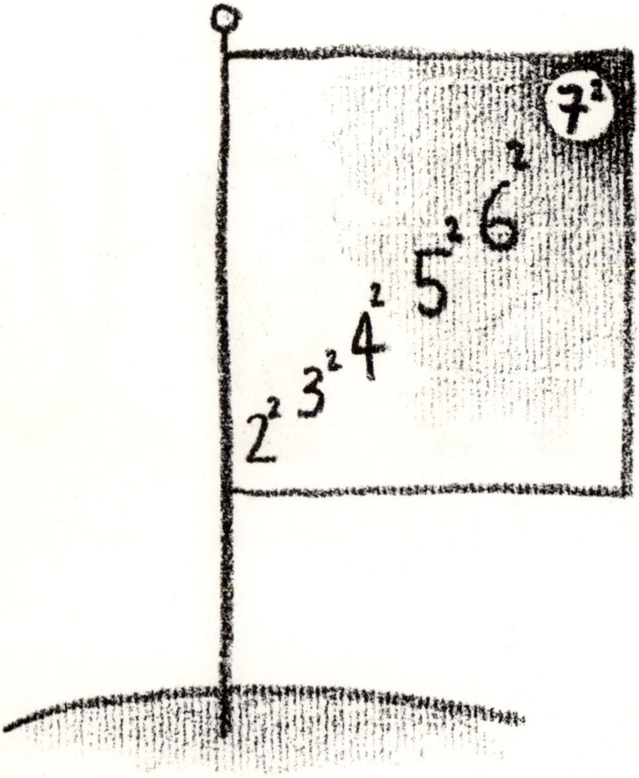

Solution de la p. 38

La dame et son chien

Monique a 52 ans et son caniche 2 ans.

Solution de la p. 39

La traversée de la rivière

Jeanne et Alice doivent faire ensemble la première traversée. Ensuite, Jeanne rejoint la rive où se trouve encore Pierre et descend de la barque pour permettre au jeune homme de traverser seul la rivière. Puis, Alice monte à bord de l'embarcation et rejoint Jeanne. Enfin, elles traversent ensemble la rivière pour rejoindre Pierre sur l'autre rive.

Solution de la p. 40

La bouteille de soda

Il reste un demi-litre de soda. En effet, si, avant l'expérience, le soda contient 99 % d'eau, il compte donc 1 % de matière sèche. Or le volume de matière sèche reste le même au cours de l'évaporation :
1 % de 1 l = 0,01 l.
Ainsi, la matière sèche représente, après l'expérience, 2 % du volume final (V) :
$V \times 2/100 = 0,01$
$V = 0,01 \times 100/2$
$V = 0,5$ l.
Il reste donc bien un demi-litre de soda après évaporation.

Solution de la p. 41

Pentaminos

Solution de la p. 42

Pentaminos *bis*

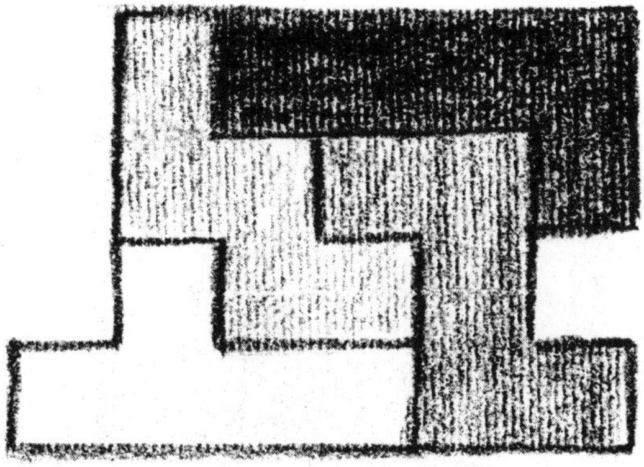

Solution de la p. 43

Les quatre souris

Il y a au total quatre souris dans cette boîte à chaussures : chacune est assise sur sa propre queue et regarde les trois autres souris installées aux trois autres angles de la boîte à chaussures.

Solution de la p. 44

Consommation d'essence

Sur la première moitié du trajet, Sophie a consommé $2 \times 14 = 28$ l d'essence.
Elle souhaite ne consommer que : $4 \times 10 = 40$ l d'essence sur l'ensemble du trajet.
Il lui reste donc $40 - 28 = 12$ l à consommer, donc Sophie doit réduire sa consommation d'essence à 6 litres aux 100 kilomètres.

Solution de la p. 45

Chiffres romains

Solution de la p. 46

Chiffres romains *bis*

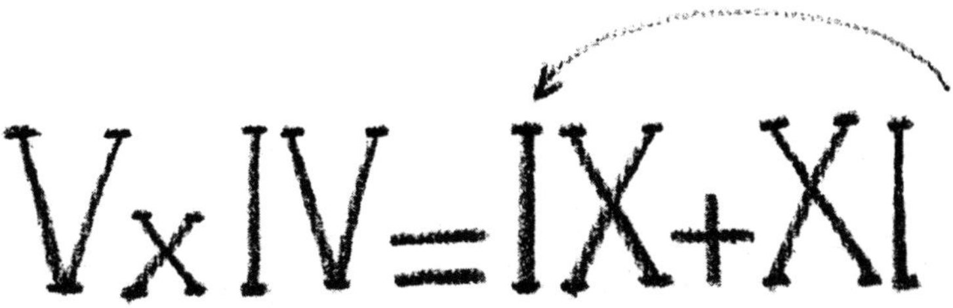

Solution de la p. 47

Circonférence de la Terre

La circonférence de la Terre augmenterait seulement de 6,28 m.
En effet, la formule de la circonférence est $2 \times \pi \times r$.
Donc si le rayon augmente de 1 m,
la circonférence augmente de $2 \times \pi \times 1$,
soit environ $2 \times 3{,}14 \times 1 = 6{,}28$ m.

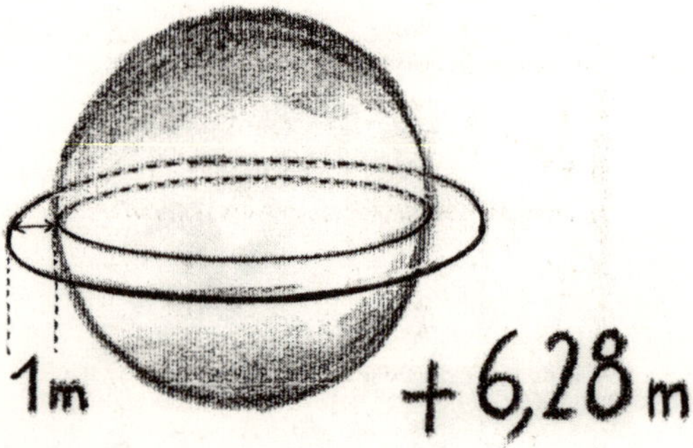

La valeur initiale du rayon est sans incidence sur le calcul, seule la variation de valeur compte.

Solution de la p. 48

Quatre commun

Ces six chiffres comportent tous quatre lettres en français !

Solution de la p. 49

Suite logique 4

Il faut inscrire 127, puisque tous les nombres de cette séquence sont les puissances de 2 auxquelles on retranche 1.

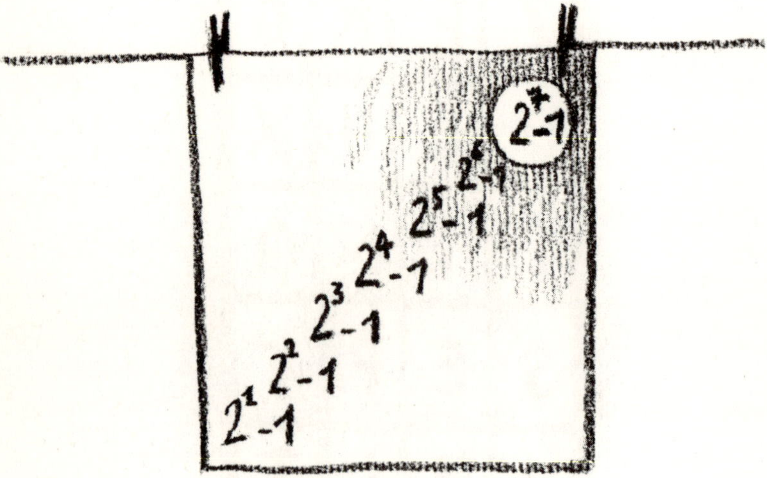

Solution de la p. 50

Aiguilles au carré

Les deux aiguilles forment 22 angles droits en 12 heures.
En effet, la grande aiguille fait 12 tours du cadran en 12 heures et croise donc 12 fois la petite aiguille. On peut donc dénombrer 11 intervalles délimités par ces 12 superpositions. Durant chaque intervalle, les aiguilles forment un angle droit à 2 reprises.
Les petite et grande aiguilles forment donc 22 angles droits en 12 heures.

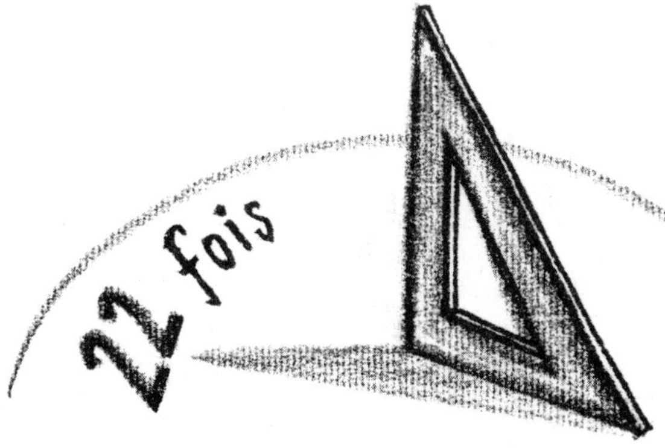

Solution de la p. 51

La couturière et ses seize boutons

La couturière doit placer les seize boutons aux sommets et aux intersections d'un motif ayant la forme de deux carrés superposés.

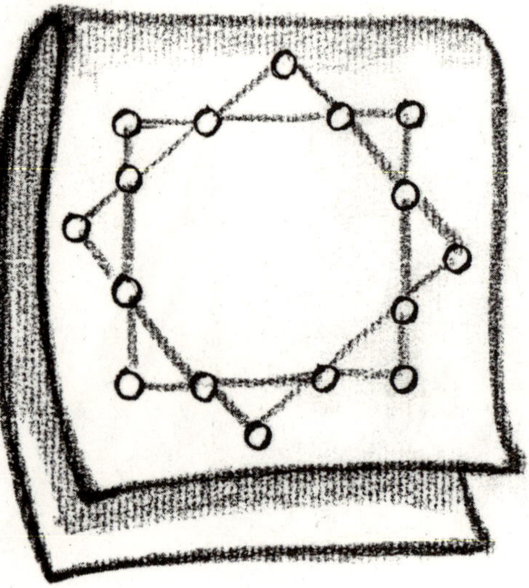

Solution de la p. 52

Engrenages

L'engrenage en haut à droite ne tourne pas ! En effet, l'engrenage situé en bas – lui-même entraîné par celui situé en haut à gauche – empêche son mouvement.

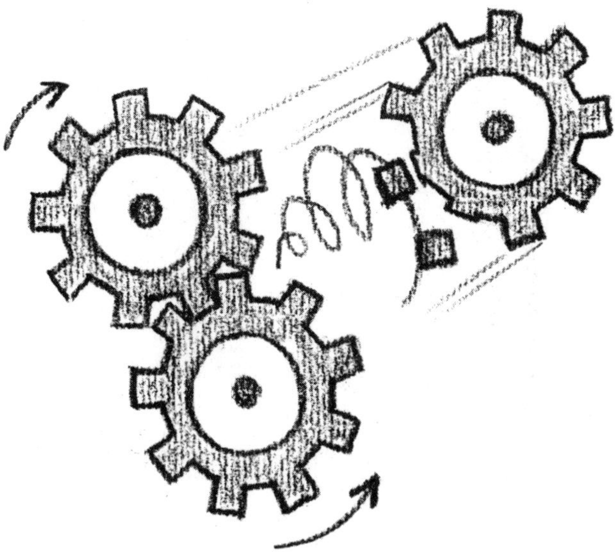

Solution de la p. 53

Heure symétrique

L'affichage des heures et des minutes est symétrique 16 fois sur une journée de 24 heures :

00:00	12:21
01:10	13:31
02:20	14:41
03:30	15:51
04:40	20:02
05:50	21:12
10:01	22:22
11:11	23:32

Solution de la p. 54

Heure symétrique *bis*

Comme les minutes sont en position centrale, il n'y a que 6 possibilités pour qu'elles soient symétriques : 00, 11, 22, 33, 44 et 55.
Pour ce qui est des heures et des secondes, le problème est le même que pour les heures et les minutes de l'énigme précédente : il y a donc 16 possibilités pour les heures et les secondes d'être symétriques (vous pouvez vous reporter à la liste de la page 124), indépendament des minutes.
Il faut donc combiner toutes les possibiltés : 16 × 6 = 96 affichages symétriques des heures, des minutes et des secondes.

Tentons de lister ces 96 solutions. Pour la première solution de l'énigme précédente (00 : 00), combinons les 6 possibilités pour les minutes. Nous obtenons donc :

00 : 00 : 00	00 : 22 : 00	00 : 44 : 00
00 : 11 : 00	00 : 33 : 00	et 00 : 55 : 00

Pour la deuxième solution de l'énigme précédente (01 : 10), nous obtenons donc :

01 : 00 : 10	01 : 22 : 10	01 : 44 : 10
01 : 11 : 10	01 : 33 : 10	et 01 : 55 : 10

... etc jusqu'à la dernière solution (23 : 32) :

23 : 00 : 32	23 : 22 : 32	23 : 44 : 32
23 : 11 : 32	23 : 33 : 32	et 23 : 55 : 32

Solution de la p. 55

Le sac de blé

Le sac de blé pèse 6 kg.
Si m représente la masse du sac de blé, on a :
$m = 3/4\ (m + 2) = 3m/4 + 1{,}5$
$1m/4 = 1{,}5$.
En multipliant par 4, on obtient $m = 6$.
Le sac de blé pèse donc 6 kg, c'est-à-dire 3/4 de 8 kg, le poids du sac d'orge.

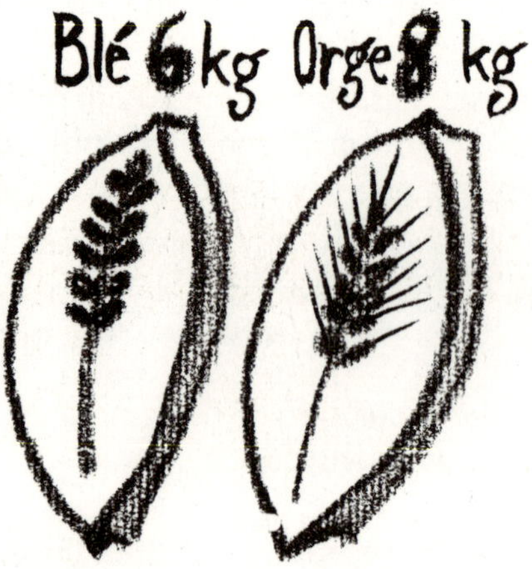

Solution de la p. 56

La pièce en miroirs

Aucun ! En effet, puisqu'il n'y a aucune source de lumière, la pièce est plongée dans le noir : Pierre ne peut donc pas observer son reflet dans les miroirs.

Solution de la p. 57

L'eau du fromage

Le fromage contient 50 % d'eau !

Solution de la p. 58

L'eau du fromage *bis*

Soit m_g la masse de la matière grasse, m_h la masse du fromage humide, et m_s la masse du fromage sec. D'après l'énoncé de l'énigme, on sait que $m_g = 0,55 \times m_s$ et que $m_g = 0,33 \times m_h$.
Donc :
$0,55 \times m_s = 0,33 \times m_h$
$m_s / m_h = 0,33 / 0,55$
$m_s / m_h = 0,6$.
La matière grasse représente 60 % de la masse totale, et l'eau en représente donc 40 %.

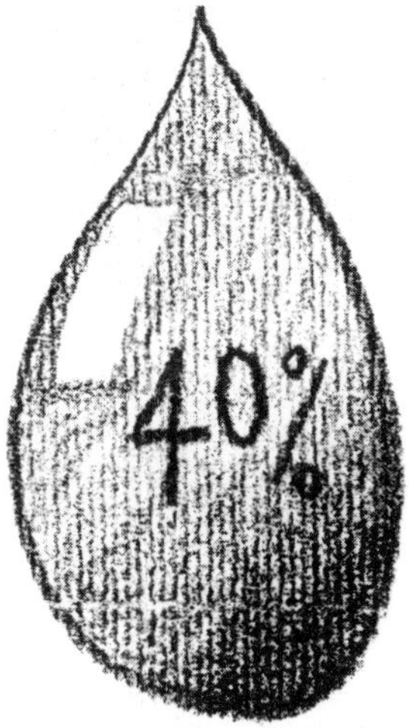

Solution de la p. 59

Les cartes dans le chapeau

Si la face de la carte tirée au sort par Jeanne est rouge, c'est que :

- soit elle a pioché la carte rouge/rouge et montre au reste des convives l'une des deux faces rouges ;
- soit elle a pioché la carte rouge/rouge et montre au reste des convives l'autre face rouge ;
- soit elle a pioché la carte rouge/blanche et montre au reste des convives la face rouge.

Ces trois événements ont la même probabilité de se produire. Il y a donc une chance sur trois de voir apparaître la face blanche.

Solution de la p. 60

L'horloge

L'horloge mettra 8 secondes pour sonner 9 heures. Une seconde sépare en effet chaque son de cloche.

Solution de la p. 61

Suite logique 5

Il faut inscrire six, puisque chaque chiffre est suivi par le nombre de lettres composant son nom.

Solution de la p. 62

Le prix des pâtes

Le prix du paquet de pâtes a baissé de 25 % entre le début de la première année et la fin de la seconde. En effet, soit p le prix initial du paquet de pâtes. À la fin de la première année, le prix du paquet de pâtes se calcule comme suit : $p \times 1{,}5$. À la fin de la seconde année, le prix du paquet de pâtes se calcule comme suit : $0{,}5 \times (p \times 1{,}5) = 0{,}75 \times p$. Il faut en effet faire attention : la baisse du prix du paquet de pâtes intervenant la seconde année porte sur le prix du paquet en fin de la première année, et non sur le prix du paquet en début de la première année. Le prix a donc baissé de 25 % sur les deux années.

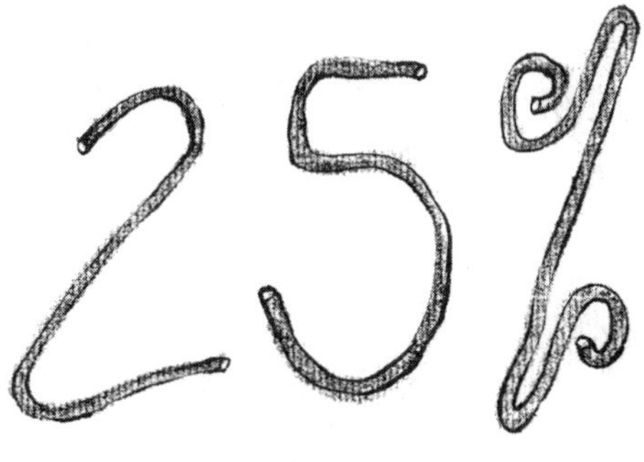

Solution de la p. 63

Heure identique

Sur une journée de 24 heures, l'affichage des heures et des minutes présente quatre fois le même chiffre à trois reprises : à 00 : 00, à 11 : 11 et à 22 : 22.

Solution de la p. 64

Les camions

Si tous les camions possédaient deux essieux, comme Jules a vu passer vingt camions, il aurait dû croiser quarante essieux et non quarante-huit. Or si Jules a vu passer huit essieux supplémentaires, c'est que huit camions à trois essieux, et donc douze camions à deux essieux, sont entrés sur le chantier.

Solution de la p. 65

Calcul à cristaux liquides

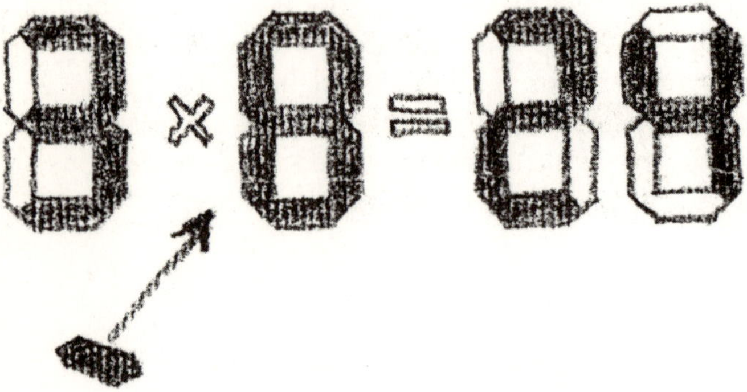

Solution de la p. 66

Calcul à cristaux liquides *bis*

Solution de la p. 67

Le marque-page

Alice ne parvient pas à glisser son marque-page dans son livre parce que les pages 55 et 56 sont le recto et le verso d'une seule et même feuille du livre !

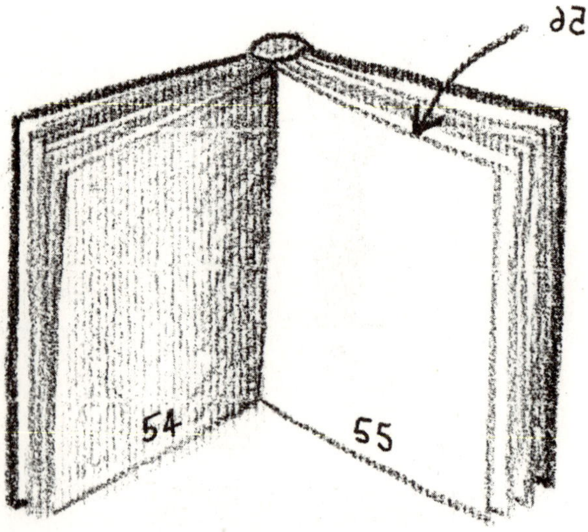

Solution de la p. 68

Une course entre amis

C'est Julien qui remportera à nouveau la course.
Il rattrapera en effet Alice lorsque celle-ci aura parcouru 190 m (et lui 200 m), puis la dépassera au cours des dix derniers mètres. Pour avoir les mêmes chances de remporter la course, c'est Alice qui aurait dû partir 10 m devant la ligne de départ et donc parcourir 190 m.

Solution de la p. 69

Somme et produit

Produit

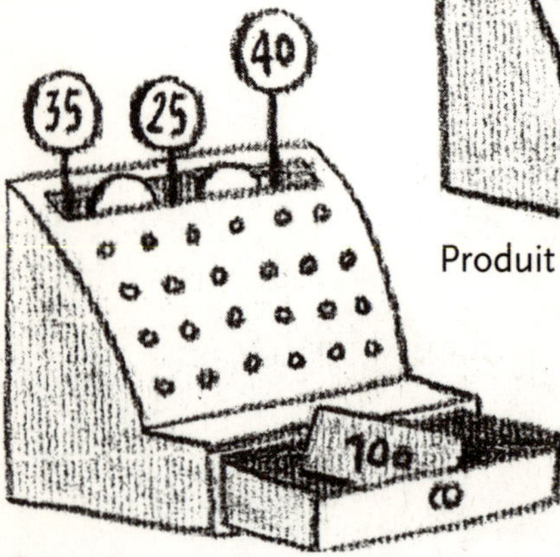

Somme

Solution de la p. 70

L'enfant et l'ascenseur

Nicolas est trop petit pour atteindre le bouton du douzième étage de l'ascenseur !

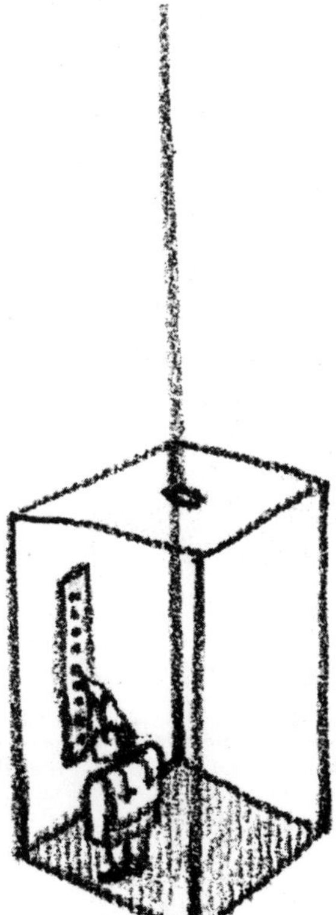

Solution de la p. 71

Le mur et la Terre

Il n'y a aucune variation de la masse de la planète. Toutes les briques servant à la construction proviennent de la Terre ; il n'y a pas eu création de matière, mais seulement déplacement de matière.

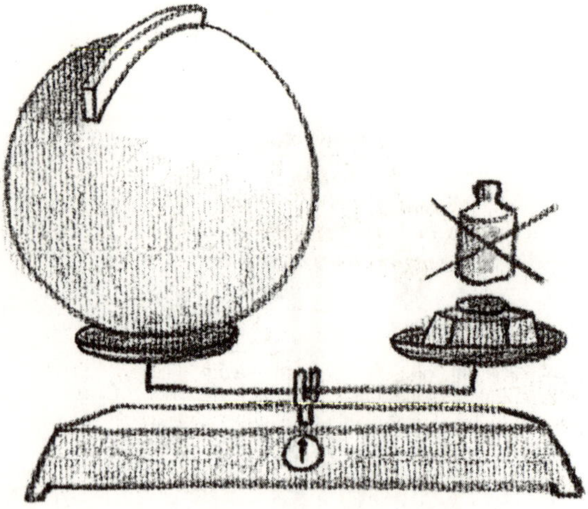

Solution de la p. 72

Les petites voitures

Paul part le matin de l'échange avec deux voitures bleues qui équivalent à quatre voitures rouges. Il a, par ailleurs, trois voitures rouges. Paul possède donc une valeur totale de sept voitures rouges. Pour obtenir 7 à l'aide des trois nombres 1, 2 et 4, les valeurs respectives de chaque couleur de voiture en nombre de voitures rouges, Paul doit donc faire 1 + 2 + 4. Paul revient donc avec une voiture de chaque couleur : une rouge, une bleue et une jaune.

Solution de la p. 73

Combien de triangles ?

Vous pouvez distinguer :

- 1 triangle de 3 unités de côté ;
- 3 triangles de 2 unités de côté ;
- 9 triangles de 1 unité de côté.

Il y a donc au total : 1 + 3 + 9 = 13 triangles.

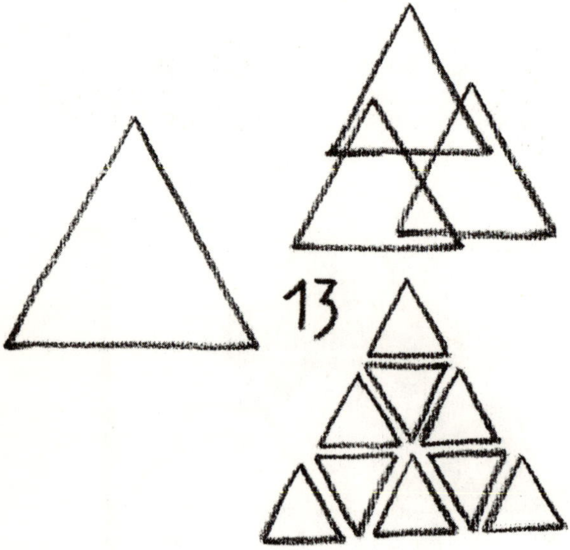

Solution de la p. 74

Temps de trajet

Il n'y a aucune différence de temps entre l'aller et le retour du train, puisque 1 heure et 30 minutes équivaut à 90 minutes.

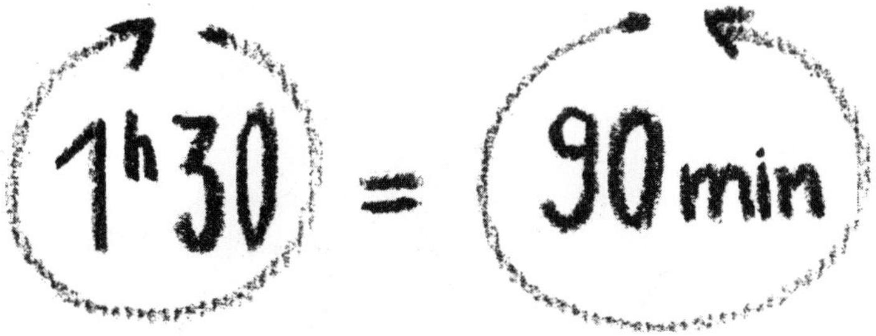

Solution de la p. 75

Le carreleur

Un carreau faisant 12 cm de côté, sa diagonale mesure : $\sqrt{(12^2 + 12^2)} = 12 \times \sqrt{2} = 16{,}97$ cm, soit 0,1697 m.
Le nombre de carreaux nécessaires pour couvrir la largeur du mur est donc de :
$3 / 0{,}1697 = 17{,}67$ carreaux.
L'artisan aura donc besoin d'au moins 18 carreaux pour la première rangée. La rangée au-dessus, posée en quinconce par rapport à la première rangée, comportera donc 19 carreaux. Le carreleur pourra donc poser au maximum 19 carreaux sur toute la largeur du mur.

Solution de la p. 76

Le compte est bon !

Solution de la p. 77

En chemin

Une seule personne se dirige vers la boulangerie : c'est Vincent ! Puisqu'il croise et non rattrape six pères, quatre mères et vingt-quatre enfants, c'est que tout ce petit monde va en sens inverse de Vincent et donc s'éloigne de la boulangerie...

Solution de la p. 78

Triangle à trous

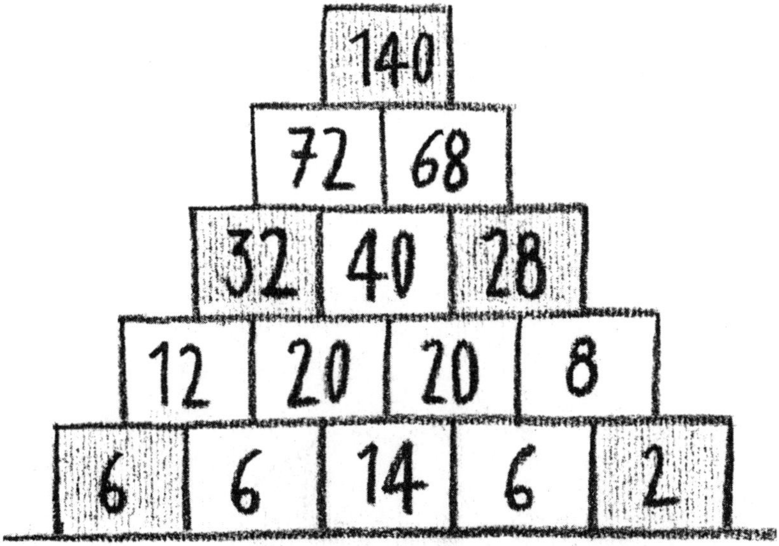

Solution de la p. 79

Jeux de dames

Élise et Sophie ne se sont pas affrontées mais ont disputé des parties avec d'autres adversaires...

Solution de la p. 80

L'auteur

Amateur de sciences, Sylvain Lhullier évolue dans un environnement scientifique et technique. Tour à tour spécialiste en informatique, enseignant en université, chef de projet, il est aussi actif dans la promotion des logiciels libres.
Pris de passion pour les énigmes logiques et mathématiques, il conçoit et réalise depuis plus de dix ans le site *Le Bric-à-brac de Sylvain* (www.bric-a-brac.org) sur lequel il propose une riche rubrique « Énigmes et problèmes ».

L'illustrateur

Ivan Sigg est peintre, poète et romancier décalé. En 1984, la rencontre des groupes « Grapus » et « Banlieue Banlieue » le font plonger dans la peinture. En 1985, il croise (hier !) sa muse. Dès lors, il développe et met en pratique sa posture révolutionnaire de « l'esprit immobile » basée sur une attention totale sans comparaison ni jugement, d'où son fameux « Je ne pense pas donc je suis » (un âne). Il publie romans, haïkus, essais, listes de courses et carnets de voyage.
Site : www.ivan-sigg.com
Blog : ivansigg.over-blog.com

Mise en page : Domino

Imprimé en Espagne par Rodesa
pour le compte des Éditions Marabout
ISBN 13 : 978-2-501-06324-1
40.5321.1
Édition 01